浙江省高职院校"十四五"重点立项建设教材

高等职业教育房地产类专业"十四五"数字化新形态教材

JUZHUQU GUIHUA

居住区规划

桑轶菲　主　编

应佐萍　姚赫男　朱翠萍　副主编

舒　渊　主　审

中国建筑工业出版社

图书在版编目（CIP）数据

居住区规划 / 桑轶菲主编；应佐萍，姚赫男，朱翠萍副主编 . —北京：中国建筑工业出版社，2024.7

浙江省高职院校"十四五"重点立项建设教材　高等职业教育房地产类专业"十四五"数字化新形态教材

ISBN 978-7-112-29768-9

Ⅰ.①居… Ⅱ.①桑… ②应… ③姚… ④朱… Ⅲ.①居住区—城市规划—高等职业教育—教材　Ⅳ.① TU984.12

中国国家版本馆 CIP 数据核字（2024）第 078108 号

本书以居住区规划的工作流程为主线，以现代职业教育注重技能培养为导向，以教学必须掌握的知识和技能为着力点编写。全书内容包括居住区规划概述、居住区规划基础资料、居住区用地与布局形式、住宅建筑规划、居住区配套设施规划、道路交通与停车设施、绿地景观与户外场地、竖向规划、老旧小区更新、综合技术指标分析、规划成果表达 11 个模块。同时关注到未来社区、老龄化社会等新的因素，符合居住区规划的工作实践，符合现行《城市居住区规划设计标准》GB 50180—2018 的要求。

本书内容全面、案例丰富、观点新颖、实用性强，可作为高等职业院校城乡规划、房地产经营、建筑设计、园林设计等专业的教材或参考用书，也可供从事居住区规划设计以及房地产管理的建筑师、规划师和管理人员参考。

为了更好地支持相应课程的教学，我们向采用本书作为教材的教师提供课件，有需要者可与出版社联系。建工书院：http://edu.cabplink.com，邮箱：jckj@cabp.com.cn，2917266507@qq.com，电话：（010）58337285。

责任编辑：聂　伟　杨　虹
责任校对：张　颖

浙江省高职院校"十四五"重点立项建设教材
高等职业教育房地产类专业"十四五"数字化新形态教材

居住区规划

桑轶菲　主　编
应佐萍　姚赫男　朱翠萍　副主编
舒　渊　主　审

*

中国建筑工业出版社出版、发行（北京海淀三里河路 9 号）
各地新华书店、建筑书店经销
北京雅盈中佳图文设计公司制版
建工社（河北）印刷有限公司印刷

*

开本：787 毫米 ×1092 毫米　1/16　印张：10¾　字数：226 千字
2024 年 8 月第一版　2024 年 8 月第一次印刷
定价：**30.00** 元（赠教师课件）
ISBN 978-7-112-29768-9
　　　　（42886）

居住，是人的一项基本需求。居住区在人类最初就伴随着人的社会演进而存在。人们聚集居住在一起，形成聚落，聚落是人类最初的居住形态，同时也成为人们进行生产劳动和社会交往的场所。今天我们把一定数量的居住建筑聚集在一起所形成的场地称为居住区。从城市发展史的角度去看待居住区的演变，中国历史上的闾里、里坊、胡同、巷弄等形式，广义上说是居住区的某种制式。近代西方国家在城市规划中提出的邻里单位、居住综合体等理论，无不是在解决如何更加舒适居住的问题。我们还会不断提出未来社区、完整居住社区等理念，不断更新居住区规划的技术标准。关于居住区的理论和实践在持续地演进和更新。

居住区规划，无论被称作邻里单位的设计，还是社区的规划，要解决的问题大致相同：建筑如何安排、配套设施如何解决、道路如何布局、景观如何建构等。当然，除了这些物质形态的元素之外，邻里间的交往、居住的氛围、社区的文化特质，这些也都是居住区规划所要营建的要素。随着社会经济的发展，我们在居住区规划方面还会遇到很多新问题，例如社会人口的老龄化、一些老旧社区出现的空心化、技术层面的大数据应用、智慧服务普及等，这些都在影响现在的居住区规划理论和规划实践。

本书根据现代职业教育注重技能培养的要求，从高职学生的学习思维特点出发，对居住区规划的工作流程和知识技能作了梳理，构建了基于工作流程和目标导向的知识架构。本书包括居住区规划基本知识、前期基础资料调查分析、居住区的整体布局、建筑规划、道路交通规划、景观规划等内容，还包括老旧住区的更新改造、居住区综合技术指标的统计和分析，以及规划成果的表达等。

本书的编写注重课程思政元素的融入，体现了爱国情怀、文化自信、绿色环保、美好人居、职业道德等元素，注重居住区规划的相关政策把握与价值观的引导；还编写了课程思政元素教学示例，有助于教师更好地开展课程思政教育，强化教材育人理念。

本书反映了《城市居住区规划设计标准》GB 50180—2018 的要求，体现了行业的最新成果和发展趋势，突出了理论与实践的结合，可以作为高职院校城乡规划、房地产经营、建筑设计以及园林景观、环境艺术等专业相应课程的教材或参考用书。本书以48~64 学时的教学内容编写，教学时可以根据不同专业的要求，灵活安排相应课时和课程设计的内容。

本书由浙江建设职业技术学院桑轶菲担任主编，浙江建设职业技术学院应佐萍、姚赫男、朱翠萍担任副主编。具体编写分工为：桑轶菲编写前言及模块 3、4、8、11，应佐萍编写模块 1、10，姚赫男编写模块 2、9，朱翠萍编写模块 7，浙江建设职业技术学院朱争鸣编写模块 5，恒元建筑设计院方珂编写模块 6。全书由桑轶菲统稿，浙江大学建筑设计院舒渊高级规划师担任本书主审。

在本书的编写过程中，参考和引用了国内外大量的规划实例，在此谨向原设计者表示衷心感谢。本书在编写过程中还参考了大量的文献资料，在此谨向文献的作者表示敬意和感谢。

由于编者的水平局限，居住区规划本身又是一个不断更新和发展的领域，本书难免有不足和疏漏之处，敬请广大同仁和读者朋友批评指正，在此一并表示衷心感谢。

编者

课程思政元素

    本书的课程思政，以居住区规划工作所必备的知识和技能为载体，以立德树人为根本，充分挖掘蕴含在专业知识中的德育元素，实现专业知识与德育教育的有机融合，将德育渗透、贯穿到教育和教学的全过程，助力学生的全面发展。

    本书根据居住区规划的工作过程，以及规划实践的内在逻辑性，分为 11 个模块。每一个教学模块，均融合课程思政的教学元素，在潜移默化中充分发挥教学的育人功能。在课程思政教学过程中，师生可共同参与，结合教师授课时所讲的知识点、技能点、工程案例，将知识传授和价值引领高度融合。

    下表是本书各模块内容中的部分思政元素举例，供读者参考。

模块	知识点	课程思政教学元素举例	课程思政教学内容
模块 1 居住区规划概述	我国居住区的演变历史	从社会经济大背景看居住区形态在不同时代的演化	文化自信、爱国情怀。对国家、民族和文化的归属感、认同感、尊严感与荣誉感
模块 2 居住区规划基础资料	基础资料调查分析	调查分析场地的基础资料	科学精神：实事求是、求真务实的理性精神
模块 3 居住区用地与布局形式	居住区分级控制、用地构成	依据最新的行业规范，确定居住区分级控制以及用地构成	法治观念：依法治国的理念、意识与精神
模块 4 住宅建筑规划	住宅建筑选型	从"真、善、美"全方位多角度去评价一个住宅的选型	人文精神：对于"真、善、美"的价值取向和执着追求
模块 5 居住区配套设施规划	配套设施规划	如何多方位多角度考虑配套设施的规划布局	配套设施规划中的经济建设、政治建设、文化建设、社会建设、生态文明建设，五位一体，全面推进
模块 6 道路交通与停车设施	人车分流的道路规划	从以人为本的理念出发，考虑人车分流的道路规划形式	创新、协调、绿色、开放、共享的规划思想，以人为本，共享包容
模块 7 绿地景观与户外场地	景观规划	居住区景观规划，强调生态文明建设，创建美丽家园	美丽中国，生态文明建设融入经济建设、政治建设、文化建设、社会建设各方面和全过程
模块 8 竖向规划	地形整理	地形整理的一些传统优秀做法，如叠山理水、坡地民居	文化自信、民族自豪感
模块 9 老旧小区更新	适老化改造	从人文关爱的角度，看待老龄化社会背景下，社区的适老化设计	社会关爱、人文关怀
模块 10 综合技术指标分析	综合技术指标统计	科学精神：实事求是、求真务实、开拓创新的理性精神	敬业、精益、专注、创新的精神，严密而准确地计算各项指标
模块 11 规划成果表达	规划成果	根据行业标准和要求，形成符合要求的规划成果	职业素养、工匠精神

目　录

模块 10

综合技术指标分析

模块 11

规划成果表达

参考文献

模块 1 居住区规划概述

◆ 【学习目标】

通过本模块的学习，学生可以了解居住区的演变和发展趋势；居住区的类型与规模；居住区规划的原则、一般流程和主要成果。

◆ 【学习要求】

能力目标	知识要点	权重	自测分数
了解居住区的演变和发展趋势	居住区的源与流 居住区规划理论 居住区的发展趋势 未来社区的相关知识	15%	
掌握居住区的类型与规模	居住区的典型类型 居住区分级控制规模	35%	
掌握居住区规划原则	居住区规划设计基本原则	15%	
熟悉居住区规划一般流程	居住区规划一般流程及工作要求	20%	
掌握居住区规划主要成果	居住区规划主要成果及内容	15%	

◆ 【内容导读】

随着居民生活水平不断提高，人们对居住的要求也在不断提升。居住不仅仅停留在单一住宅建筑的层面，还包括周边的环境、配套设施、区位条件等诸多方面的要素。更进一步，居住不仅是对这些物质要素的要求，还包含了住区文化、生活品质等精神层面的内容。

城市居住区作为居住的物质载体，是城市的重要组成部分。城市居住用地在城市用地中占有较高的比重；居住功能在城市的各项功能中占有主要的地位。居住区的规划设计是城市规划中不可缺少的一项重要内容，关系到城市的空间组织、土地利用以及人民的生活质量。

1.1 居住区的演变和发展趋势

1.1.1 传统居住区的源与流

衣食住行，是人生活的四个基本需求。人的天性就有着相互交往的需求，体现了人的社会属性。出于人的社会性需求，聚居、群居成为人类社会的居住形态。作为人类居住生活的物质载体，住宅以及居住区，和人类社会的产生及演变一路伴生发展而来。

1. 起源

原始社会，人类的社会经济生活是一种依附于自然的采集狩猎行为，其居住方式有穴居、树居、巢居等。即便是原始的居住形态，原始人类出于个体生存及族群繁衍的需要，本能地采取了聚族而居的方式，体现出一种"天生的社会性"。并且，他们会把居住地选在靠近河流湖泊的向阳台地上，体现了一种"择地"的本能。

从很多已发掘的古文明遗址来看，这些聚居地已经有居住建筑、公共建筑之分，具备了不同的功能分区，实际上这已经形成了原始的"居住区"形式。

图 1-1 是 5000~7000 年前的浙江余姚河姆渡文化遗址，是中国南方早期新石器时代的一处遗址，体现了原始人聚族而居的形态，可以说这就是一种原始的居住区。图 1-2 是原始河姆渡人正在搭建房屋的场景模型（遗址公园内展示）。河姆渡文化中遗存的带榫卯构造形式的干栏式建筑，是中国现今发现的古代木构建筑中最早的榫卯构造形式。

图 1-1 浙江余姚河姆渡文化遗址

图 1-2 原始河姆渡人正在建房（模型）

2. 闾里制

奴隶社会之后，为了便于管理以及财富的社会分配，开始出现各种居住组织形式。并且随着生产力发展，生产方式的改变，这些居住形式也在发生改变。例如我国西周时期盛行的井田制，把田地划分为一个个方块，较常见的是划成九块田类似"井"字，中间一块作为公田，由劳动者共同耕种并且将收获物全部缴给统治者；其余八块则为私田，收成归耕户所有。人们按井居住，按井管理，不得自由迁徙，便于国家控制。居住区与生产方式紧密地结合在一起。

与之相对应的就是"闾里制"的居住形式。这是一种四周有围墙的平民居住区，作为对居民实行监管、宵禁、征役的基本单位。通常"闾"是指城邑内的住宅区，"里"是指乡村的住宅区。

按《周礼》的规制是二十五家为一闾（里），但实际上各个诸侯国并不一定遵守。例如根据《管子》的记载，在齐国五十家为一里。

3. 里坊制

汉代之后，在"闾里制"基础上，开始确立"里坊制"的居住区形式。东汉末年的曹魏都城邺城，形成了一种布局严整、功能分区明确的里坊制城市格局，平面呈长方形，宫殿位于城北居中，全城作棋盘式分割，居民与市场纳入这些棋盘格中组成一个个居住区，这就是"坊"。

"里"的含义有区分、界域的意思，如今上海方言中还有"里弄"一词。把一个城邑用"里"划分为若干个区块，称之为"坊"。因此，"里坊"可以理解为：以"里"为界划分"坊"，即"用街道来划分城区，形成一个个居住功能区块"。古代城市划分"里坊"是为了便于城市管理、防范盗贼而设置的。

这种制度发展到隋唐长安城达到了鼎盛（图 1-3）：里坊整齐划一，千家万户排列如同围棋棋盘。市民的生活上实行严格的"宵禁"制度，唐长安城夜间坊门紧闭，坊外空无人行，呈现出寂静夜色。整个都城以中央的朱雀大街为中轴线，分为东和西两个完全对称的布局，里坊星罗棋布，宛如一张超大的棋盘，完美实现了中国传统观念中"天圆地方"的格局。至此，"里坊制"这种居住区形式达到了全盛。

4. 街巷制

唐代中后期，随着商品经济的不断发展，商业的繁荣需要突破固有的限制，"里坊制"规划中里坊间的墙垣成为阻碍经济发展的一大障碍，原有的格局被打破，出现了"街巷制"的布局形式。到了宋代，里坊间已经不设坊墙，沿街可以布置住宅、开设商店，店铺全部都是开放的。街巷制取代了里坊制，并逐渐走向成熟。图 1-4 是北宋画家张择端的《清明上河图》（局部），描绘了当时都城东京（今河南开封）的城市风貌，从画中我们可以看到沿街开放的店肆和往来购物的民众，一幅街巷制时期的城市热闹画面。

从里坊制到街巷制，原有的封闭管理模式被打破，更加有利于商业的发展。尽管宋代以后许多城市还保留着里坊的格局模式，但已经没有了汉唐时期里坊居住区的管理职能。

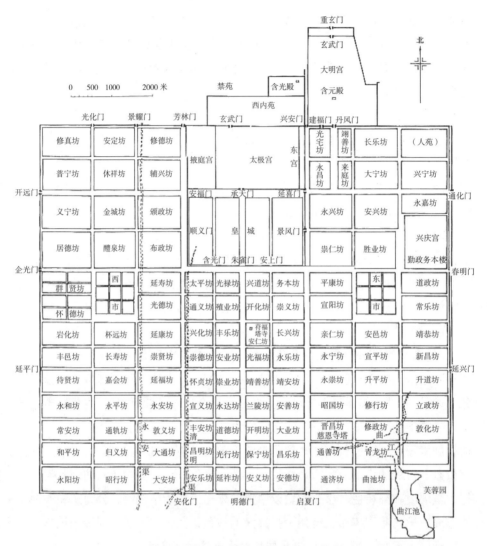

图 1-3　唐长安城里坊制结构

图 1-4　《清明上河图》（局部）

直至明清，居住区的形式没有大的变化。我们今天还能在很多城市的地名中看到"某某里""某某坊"的名字，即是这种演变的痕迹。图 1-5 是位于杭州城市中心地段的历史街区——思鑫坊，它是一处南方传统的居住片区。明清北京城内大大小小的四合院，属于"街—巷—院"的布局模式，与之一脉相承，图 1-6 就是一处典型的北方四合院。

图 1-5　杭州历史街区——思鑫坊

图 1-6　北方四合院

5. 胡同式

元代以后，城市建设渐渐形成"大街—胡同—四合院"的三级组织结构。"胡同"一词可能是源于蒙古语，元人呼街巷为胡同，后为北方街巷的通称，胡同一词大量出现在元杂曲中。在南方（如苏州、杭州等）的地名中一直保留着"巷弄"，两者实质上是同一回事。图 1-7 为北京城里的胡同，图 1-8 是苏州木渎古镇的巷弄。

胡同（或者巷弄）内的院落式住宅并联建造，一个个紧密地挨着，错落有致。胡同与胡同之间距离大致相当，向外连接着大街。胡同较窄，交通便捷，生活气息浓郁；大街则相对较宽，可走车马，承担着城市的交通功能。

图 1-7　北京的胡同

图 1-8　苏州的巷弄

1.1.2 近代国外居住区的规划理论

1. 邻里单位

20世纪20年代的欧美城市，人口密集、房屋拥挤，居住环境变得恶劣，道路上机动车交通量日益增长，车祸经常发生，人们需要有一种安全、安静的城市居住环境。针对这种情况，美国社会学家科拉伦斯·佩里于1929年首次提出了居住区"邻里单元"（Neighbourhood Unit）理论。这是为适应现代城市新情况而提出的一种新的居住区规划理论，适应了因机动车交通发展而带来的规划结构的变化，改变了过去住宅区结构从属于道路划分为方格状的状况，并试图在汽车交通开始发达的条件下，创造一个适合居民生活的、舒适安全的，并且设施完善的居住社区环境。

佩里的邻里单元理论（图1-9）有六个原则：

1）规模（size）：以小学的服务人口为标准，实际的面积则由它的人口密度所决定，通常为5000人；

2）边界（boundary）：邻里单位应当以城市的主要交通干道为边界，避免汽车从居住单位内穿越；

3）开放空间（open space）：应当提供小公园和娱乐空间的系统；

4）机构用地（institution sites）：学校和其他机构的服务范围应当对应邻里单位的

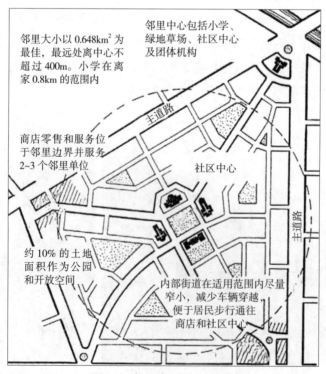

图1-9 邻里单元的理论模式

界限，围绕着一个中心或公地进行成组布置；

5）地方商业（local shops）：与服务人口相适应的一个或更多的商业区应当布置在邻里单位的周边组成商业区；

6）内部道路系统（internal street system）：便于单位内的运行同时又能阻止过境交通的使用。

2. 扩大街坊

邻里单元的居住区规划模式被广泛采用了，与之同时，城市的规模还在不断扩大，居住区与工作地点越来越远，人们的通勤距离越来越长，交通压力也增大。被道路划分的独立街坊内，自给自足的公共设施变得效益低下，无法满足居民的选择要求。

于是 20 世纪 50 年代，苏联在居住区规划方面提出了一种新的理论，即扩大街坊理论。一个扩大街坊包含了多个邻里单元，在扩大街坊的周边是城市交通。这种布置形式在空间上比邻里单位更强调轴线构图和周边布置，在构图方式上比邻里单元更活泼。

中华人民共和国成立之后的很长一段时期，我国很多城市的居住区规划都受到这种理论和实践的影响。北京的百万庄住宅区就是这种规划理论的具体实践。

3. 居住综合体

居住综合体是指居住建筑与为居民生活服务的公共服务设施组成一体的综合大楼或建筑组合体。它能满足居住者多方面的生活需求，以居住为核心功能的有机社区，在设计建造上更加人性化，符合"人居"理念。

与传统住宅相比，居住综合体包括了住宅、高档公寓、写字楼、商业等多重业态，实现了复合功能，自给自足，更加具有活力。同时，它又不同于其他综合体，不是以商业、商务为主，而是以"人居为主"，在充分考虑居住舒适度的前提下使住宅、公寓商业、办公达到了适当比例。

1952 年，法国马赛市郊建成了一座举世瞩目的超级公寓住宅——马赛公寓（图 1-10），就是这种理论的具体实践。

图 1-10　法国马赛公寓

1.1.3　我国居住区发展的趋势

中华人民共和国成立以来，我国的住宅建设和居住区规划取得了世人瞩目的成就，规划的理论和实践都有了很大发展。居住区规划受到传统人居思想对人与自然的观念的影响，也受到苏联居住区规划思想的影响，同时还受到欧美一些规划理论的影响，走出了一条符合我国国情的居住区规划道路。

随着社会经济不断发展，人们生活水平不断提高，社会老龄化程度不断加剧，智能科技不断进步，未来的居住区规划也将呈现出一些新的趋势。

1）社区化趋势

居住区的建设将不再满足于住户的居住需求，规划将更加注重居住区的文化、社区精神、住户的交往、地缘认同感等，谋求在居住区规划中建立一个具有凝聚力的文化生活空间，创造一种邻里和睦相处、具备家园文化特质的社区场所。

2）集约化趋势

随着城镇化进程不断演进，城市土地和能源的紧张程度也在加剧，未来的居住区势必要走集约化发展的道路，节地、节能、节材是发展的必然趋势。城市居住区将会呈现住宅和公共建筑、地上和地下空间、建筑综合体和空间环境、商业娱乐服务文化多种功能等的联合协同建设。

3）生态化趋势

居住区规划将更加注重营造一个生态可持续的居住空间。例如，更加注重居住区内自然景观的构建，积极推行垃圾分类收集、雨水和中水的利用等，从居民的观念、生活习惯以及技术手段上，创造一个生态化居住区。

4）适老化趋势

社会的老龄化日益加剧，居住区内老龄人口以及独居老人的比例都在上升，未来的居住区规划必须注重适老性原则，满足中国人高比例居家养老的需求，规划建设适老、宜老的社区空间。社区的适老化将体现在住宅单体的适老设计、居住区的适老环境、社区的适老服务等方面。

5）智慧化趋势

科技的进步给居住区规划和住宅建设带来了很多可能性，未来依靠人工智能、物联网、新材料、大数据等技术和手段，居住区将会变得更加智慧、更加便捷、更加舒适。智慧物业管理、电子商务服务、智慧养老服务、智慧家居等一批新技术将逐步渗透到我们的居住区中，一个具备万物互联、主动感知、场景智能、服务协同能力的，在软件、硬件、算法和服务方面持续进化的社区，将来到我们的日常生活中。

1.1.4　未来社区

　　"社区"的概念最早来自于社会学者，他们提出"社区是有共同价值观念的同质人口组成的关系密切、守望相助、富于人情味的社会团体"，这个概念包含公社、团体、社会、公众、共同体等多种含义。社区被视为生活在同一地理区域内、具有共同意识和共同利益的社会群体。中文的"社区"一词更强化了地域的含义，意在强调这种社会群体生活是建立在一定地理区域之内的，这与"居住区"一词十分类似。

　　浙江省在 2019 年提出未来社区建设的"139"模式（图 1-11），核心是"以人民美好生活向往为中心"。其目的在于为人们打造"人本化、生态化、数字化"的全生态生活圈，主要涵盖邻里、教育、健康、创业、建筑、交通、低碳、服务、治理九大生活场景。这一概念的提出和实施为促进国家—社会良性互动关系的形成，以及对于提升人民幸福感具有重要意义。

图 1-11　未来社区建设的"139"模式

　　"139"模式未来社区考核指标设置了一级指标和二级指标。其中一级指标即未来社区的 9 大场景，二级指标是根据 9 大场景建立的 33 项考核指标体系（表 1-1），既能实现建设的约束性底限控制，又能体现发展的指导性动态引领。

未来社区考核指标体系　　　　　　　　　　　　　　　　　　　　　　表 1-1

序号	一级指标	二级指标
1	未来邻里场景	邻里特色文化、邻里开放共享、邻里互助生活
2	未来教育场景	托育全覆盖、幼小扩容提质、幸福学堂全龄覆盖、知识在身边
3	未来健康场景	活力运动健康、智慧健康管理、优质医疗服务、社区养老助残
4	未来创业场景	创新创业空间、创业孵化服务及平台、人车落户机制

续表

序号	一级指标	二级指标
5	未来建筑场景	CIM 数字化建设平台应用、空间集约开发、建筑特色风貌、装配式建筑与装修一体化、建筑公共空间与面积
6	未来交通场景	交通出行、职能共享停车、供能保障与接口预留、社区慢行交通、物流配送服务
7	未来低碳场景	多元能源协同供应、社区综合节能、资源循环利用
8	未来服务场景	物业可持续运营、社区商业服务供给、社区应急与安全防护
9	未来治理场景	社区治理体制机制、社区居民参与、精益化数字管理平台

根据9大未来场景不同的发展痛点给予最切合实际的构建举措，例如营造交往、交融、交心人文氛围，构建"远亲不如近邻"未来邻里场景。未来邻里场景主要是为了解决现代城市重房地产轻人文、邻里关系淡漠、缺少文化交流载体平台的痛点而设定的。

图 1-12 列举说明了未来社区 9 大场景的构建举措。

图 1-12 未来社区 9 大场景构建举措

　　总之，未来社区不仅是城市的基本发展单元、服务与治理单元，同时也是生活、生产、生态单元。通过"宜居、宜业、宜游、宜学、宜养"的社区生活圈营造，使得民众拥有获得感和幸福感，成就充满活力的、健康的、低碳的城市发展。

1.2　居住区的类型与规模

　　居住是人类生存、生活的基本需求之一，居住区为人们提供居住生活空间以及各种设施。它是指具有一定的人口和用地规模，并集中布置居住建筑、公共建筑、绿地、道路以及其他各种工程设施，被城市街道或自然界限所包围的相对独立地区。

　　居住区是城市中住宅建筑相对集中的地区，泛指不同居住人口规模的居住生活聚居地。《城市居住区规划设计标准》GB 50180—2018 根据居住人口的规模，把居住区分为十五分钟生活圈居住区、十分钟生活圈居住区、五分钟生活圈居住区和居住街坊四个等级。

　　"生活圈"是根据城市居民的出行能力、设施需求频率及其服务半径、服务水平的不同，划分出的不同的居民日常生活空间，并据此进行公共服务、公共资源（包括公共绿地等）的配置。"生活圈居住区"是指一定空间范围内，由城市道路或用地边界线所围合，住宅建筑相对集中的居住功能区域。图 1-13 是不同生活圈公共设施分布示意图。

　　其中，十五分钟生活圈居住区，是指以居民步行十五分钟可满足其物质与生活文化需求为原则划分的居住区范围，其一般为由城市干路或用地边界线所围合、居住人口规

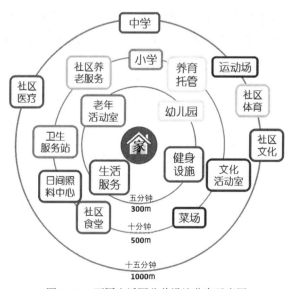

图 1-13　不同生活圈公共设施分布示意图

模为 50000~100000 人（约 17000~32000 套住宅）、配套设施完善的地区。相对应地，十五分钟生活圈居住区的用地面积规模为 130~200hm²。

十分钟生活圈居住区，是指以居民步行十分钟可满足其基本物质与生活文化需求为原则划分的居住区范围；其一般为由城市干路、支路或用地边界线所围合、居住人口规模为 15000~25000 人（约 5000~8000 套住宅）、配套设施齐全的地区。相对应地，十分钟生活圈居住区的用地面积规模为 32~50hm²。

五分钟生活圈居住区，是指以居民步行五分钟可满足其基本生活需求为原则划分的居住区范围；其一般为由支路及以上级城市道路或用地边界线所围合，居住人口规模为 5000~12000 人（约 1500~4000 套住宅）、配建社区服务设施的地区。相对应地，五分钟生活圈居住区的用地面积规模为 8~18hm²。

居住街坊，是指由支路等城市道路或用地边界线围合的住宅用地，是住宅建筑组合形成的居住基本单元；居住人口规模在 1000~3000 人（约 300~1000 套住宅），并配建有便民服务设施。居住街坊由城市道路或用地边界线所围合，用地规模为 2~4hm²，是居住的基本生活单元。居住区分级控制规模详见表 1-2。

居住区分级控制规模 表 1-2

居住区类型	十五分钟生活圈居住区	十分钟生活圈居住区	五分钟生活圈居住区	居住街坊
步行时间（分钟）	15	10	5	—
步行距离（m）	800~1000	500	300	—
居住人口（人）	50000~100000	15000~25000	5000~12000	1000~3000
住宅套数（套）	17000~32000	5000~8000	1500~4000	300~1000

教材中所引用的房地产开发项目案例，大多是在城市一定区域内、具有相对独立居住环境的大片居民住宅，配有成套的生活服务设施，如商业网点、学校及幼儿园等，开发规模多数与五分钟生活圈居住区或居住街坊相当。

1.3 居住区的规划设计

1.3.1 居住区规划的概念和内容

居住区规划是在城市总体规划及所在地区控制性详细规划的约束下，根据计划任务和现状条件，对区块的布局结构、住宅群体布置、道路交通、生活服务设施、各种绿地和游憩场地、市政公用设施和市政管网各个系统等进行综合、具体的安排。它涉及使用、卫生、经济、安全、施工、美观等几方面的要求，综合处理各因素之间的关系，为居民创造一个适用、经济、美观的生活居住用地条件。

居住区规划的主要内容包括：

☑ 居住建筑的类型、层数、数量、分布和布置方式；

☑ 配套设施的内容、规模、数量、分布和布置方式；

☑ 各级道路的断面形式、布置方式，机动车及非机动车的停车方式和位置；

☑ 公共绿地、健身、休憩等室外场地的数量、分布和布置方式；

☑ 拟定工程规划的设计方案；

☑ 计算各项技术经济指标。

1.3.2　居住区规划的原则

居住区规划设计应遵循创新、协调、绿色、开放、共享的发展理念，营造安全、卫生、方便、舒适、美丽、和谐以及多样化的居住生活环境。居住区规划坚持以人为本的基本原则，要遵循适用、经济、绿色、美观的建筑方针，要坚持以人为本、尊重自然、传承历史、绿色低碳等规划理念。

1）应当符合城市总体规划及控制性详细规划。城市总体规划以及居住区所在区块的控制性详细规划，是居住区规划的上位规划，对居住区规划具有指导性的意见和限定性的要求。在编制居住区规划时，必须遵循上位规划的有关规定，特别是上位规划中的一些强制性条文及控制指标。

居住区规划主要体现在以下方面：该居住区的用地范围线、容积率、建筑密度、绿地率、建筑高度限制、建筑后退距离、允许出入口位置等。这些都要符合相关上位规划（主要是指控制性详细规划）的要求。

2）应当符合所在地的气候特点与环境条件、经济社会发展水平和文化习俗。居住区的规划建设是在某处确定的用地内进行的，其规划与所在城市的地理位置、建筑气候区划、现状用地条件及经济社会发展水平、地方特色、文化习俗等密切相关。在规划设计中应充分考虑、利用和强化已有的特点和条件，整体提高居住区的规划建设水平。

如果居住区所在区域是历史文化保护区或历史地段，居住区规划建设还应当遵守历史文化遗产保护的基本原则，与城市和所在地段的传统风貌相协调。

3）应当选择安全、适宜居住的地段进行建设。居住区不得在有滑坡、泥石流、山洪等自然灾害威胁的地段进行建设；与危险化学品及易燃易爆品等危险源的距离，必须满足有关安全规定；存在噪声污染、光污染的地段，应采取相应的降低噪声和光污染的防护措施；土壤存在污染的地段，必须采取有效措施进行无害化处理，并应达到居住用地土壤环境质量的要求。

4）应当统一规划、合理布局，节约土地、因地制宜，配套建设、综合开发。居住区规划建设应遵循《中华人民共和国城乡规划法（2015修正）》提出的"城乡统筹、合理布局、节约土地、集约发展和先规划后建设的原则，改善生态环境，促进资源、能源节约和综合利用，保护耕地等自然资源和历史文化遗产，保持地方特色、民族特色和传统风貌，防止污染和其他公害，并符合区域人口发展、国防建设、防灾减灾和公共卫生、公共安全的需要"。

5）应当为老年人、儿童、残疾人的生活和社会活动提供便利的条件和场所。老年人、儿童、残疾人的生活需要具有特殊性，在居住区规划中应当为这些特殊群体的生活和社会活动提供便利。我国已进入老龄化社会，老龄化程度逐年提高。为老年人、儿童、残疾人提供活动场地及相应的服务设施和方便、安全的居住生活条件等无障碍的出行环境，使老年人能安度晚年、儿童快乐成长、残疾人能享受国家和社会给予的生活保障，营造全龄友好的生活居住环境是居住区规划应当遵循的原则。

6）应当符合城市设计对公共空间、建筑群体、园林景观、市政设施的有关控制要求。居住用地是城市建设用地中占比最大的用地类型，住宅建筑对城市风貌的影响很大。居住区的规划建设应符合所在地城市设计的要求，塑造特色、优化形态、集约用地。没有城市设计指引的建设项目应运用城市设计的方法，研究并有效控制居住区的公共空间系统、绿地景观系统以及建筑高度、体量、风格、色彩等，创造宜居生活空间，提升城市环境质量。

1.3.3 居住区规划的一般流程

居住区规划从接受项目任务书到最终完成成果，会经历一个复杂的过程，期间包括多方案的比较筛选、方案的不断完善等环节。居住区规划的编制程序大致包括如下3个阶段，其中第3阶段会不断反复直到规划完成。

第1阶段：熟悉地块，收集资料

熟悉所要规划的居住区地块，收集相应的基础资料，包括：

地块的物质环境——自然条件、区位情况、历史沿革、风土人文等；

地块的社会环境——政策文件、规划条件、市场环境、上位规划等。

第2阶段：明确理念，制定方针

明确规划理念和规划原则——可持续的发展、与环境融合共生、人文底蕴延续等。

制定规划方针——公共交通优先、自然与人居的亲和系统、近邻型社区、全龄化社区等。

明确规划的目标——该居住开发项目的市场定位、针对的人群等。

第3阶段：规划设计

规划框架——布局形态、规划结构、土地类型的分布、公共空间的构建、交通组织、景观的整体格局等。

规划方案——总平面布局、道路交通规划、绿地景观规划、配套设施规划、重点地块的详细规划等。

建筑、景观、设施的设计——住宅建筑单体方案、公共建筑单体方案、景观方案等。

技术与经济——土方平衡测算、项目概算、综合技术指标统计等。

此外，还包括规划的调整、修改、完善。

1.3.4　居住区规划的主要成果

居住区规划成果以各种图纸表达规划意图，对居住区进行现状分析，并对区内的住宅建筑、配套设施、道路、绿化等要素进行规划设计。图1-15~ 图1-18是一些居住区规划的主要图纸。

图1-14是某居住区规划总平面图。这是一套居住区规划图纸中的主要图纸，反映了居住区规划范围内各类居住建筑、配套服务设施、道路系统、绿地景观系统等要素的布局。

图1-15是某居住区交通规划分析图。这是对居住区规划中的道路交通进行分析，包括对各级机动车道、非机动车道、停车设施等的分析。

图1-16是某居住区规划景观节点分析图。这类图纸用于对居住区内景观布局中重点地段、重要节点的分析和描述。

图1-14　某居住区规划总平面图

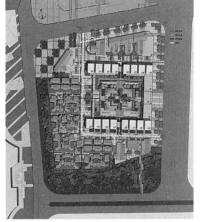

图1-15　某居住区交通规划分析图

图1-16　某居住区规划景观节点分析图　　　　图1-17　某居住区规划方案模型

图1-17是某居住区规划方案模型。这是运用SketchUp、3DMax等软件对规划平面方案进行3D建模的效果，可以更加直观地展示规划方案。

【思考与练习】

1. 思考题

1）形成邻里单位的原则有哪些？

2）居住区按照居民在合理的步行距离内满足基本生活需求的原则，可分为几个等级？它们分别是什么？

3）居住区规划设计的基本原则有哪些？

4）简述居住区规划的一般流程。

5）简述居住区规划的主要成果。

2. 综合实训

1）设计题目

某地块居住区规划设计。

2）项目背景

地块位于某市新区规划六号路、七号路与九号大街围合处，地形图及地块红线范围见图1-18。规划用地面积5.12hm²。地块西侧至八号大街为城市公共绿地。地块周边配套服务实施完善，地铁及其他公共交通出行方便。

3）规划设计要求

①建筑红线后退用地红线距离：西侧后退九号大街道路红线8.0m；其余方向各后退3.0m。

②容积率小于等于2.5；建筑密度小于等于26%；绿化率大于等于30%；建筑限高100m。

③该地区日照间距系数为1:1.2。

④该项目住宅套型面积 80~140m²。

⑤沿九号大街、七号路可以布置沿街商铺。居住区内需设物业管理用房、开闭所、电信交接机房、中低压燃气调压站各 1 处，设垃圾收集点若干处。

⑥停车位要求按住户 110% 配置，以地下停车方式为主。

4）设计成果要求

①设计说明书，对住宅小区规划、户型的特色给予简单、明了的说明，并有具体的技术经济指标的数字，包括：居住小区用地面积、居住户数、居住人数、建筑用地面积、总建筑面积、建筑密度、容积率、绿地率、停车位、不同种类的住宅面积等。

②总平面规划图，图中要求建筑、道路、绿化的图例清晰，结构层次分明。

③主要单体建筑平面图、立面图及剖面图。

④规划功能结构分析图、道路系统、公建系统、绿化景观分析图：应明确表现出各道路的等级，车行和步行活动的主要线路，以及各类停车场地的位置和规模等；应明确表现出各配套设施的位置、范围；表现出各类绿地的范围、绿地的功能结构和空间形态等。

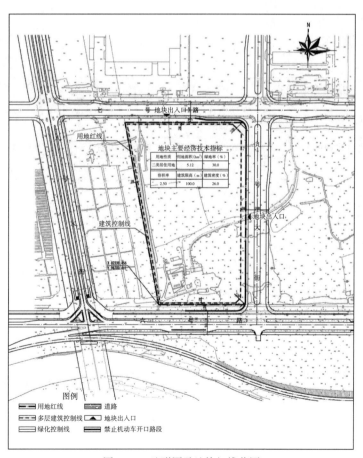

图 1-18　地形图及地块红线范围

模块 2 居住区规划基础资料

◆ 【学习目标】

　　通过调研内容、方法和资料整理的学习，学生能够掌握一手和二手资料，了解居民和甲方需求以及规划设计需要解决的问题，使居住区规划设计具有可行性。同时，培养学生观察、发现问题、分析问题，为后期居住区规划设计解决问题打下良好的基础。

◆ 【学习要求】

能力目标	知识要点	权重	自测分数
了解资料调研的基本内容	规划条件、甲方需求、一手资料调研和二手资料调研	20%	
掌握资料调研的方法	文献搜集、观察、问卷调查和访谈法	35%	
资料的分析整理能力	区位分析和现状分析	45%	

◆ 【内容导读】

　　基础资料调研是规划设计的第一步，好的设计离不开完备的基础资料。在学习规划设计时，必须要了解基础资料包含的内容，掌握资料调研的科学方法，以及如何对大量的资料进行整理和分析。

2.1　资料调研的基本内容

调研，就是调查研究的简称，指利用各种调研方法搜集相关资料并进行分析、整理、研究的过程。其目的是为规划工作的开展打好基础。

在具体的规划设计开始之前，必须要先了解相关的政策法规，自然地理和人文地理的具体情况，以及当地居民的具体诉求。同时，还要与上位规划、项目的建设安排等做好衔接。

2.1.1　明确规划条件

规划条件是指由市级、县级人民政府城乡规划主管部门根据控制性详细规划提出的，包括规划地块的位置、使用性质、开发强度等方面的要求。按照现行的规定，在城市、镇规划区内，出让国有土地使用权，出让前应当制定控制性详细规划。出让的地块，必须具有城乡规划主管部门提出的规划设计条件及附图。规划设计条件包括：地块面积、土地使用性质、容积率、建筑密度、建筑高度、停车泊位数、主要出入口、绿地比例、需配置的公共设施、工程设施、建筑界线、开发期限以及其他要求。附图应当包括：地块区位和现状，地块坐标、标高，道路红线坐标、标高，出入口位置，建筑界线以及地块周围地区环境与基础设施条件。

居住区规划需要报政府行政主管部门审批。因此，在规划设计之初，必须要明确地块的规划条件。后续的规划设计工作都要在规划条件的范围内进行。

2.1.2　确认甲方需求

居住区规划设计的项目一般由甲方委托，由乙方具体执行。甲方同时还是项目的投资方，甲方有可能是一家企业，也可能是某一级政府部门。一般情况下，甲方在规划设计之前都会进行详细的投资分析和项目可行性研究，来确认项目基本的产品定位、客户定位等信息，并给出户型配比、车位配比等建议。因此，规划设计师需要积极和甲方进行沟通交流，明确甲方的设计理念、需求和方向，并列出需要甲方提供的项目有关的基础资料清单，请甲方协助提供。

2.1.3　二手资料调研

1. 二手资料的概念

二手资料是指调查者按照明确的目标收集、整理的各类现成的资料，如统计年鉴、调研报告、各类文件、期刊、设计标准、政策法规等。

优点：二手资料的获取相对容易且渠道广泛，获取速度快，省时省力。二手资料可以帮助我们从整体上把握项目的设计方向，更好地明确设计思路，为规划设计的开展打好基础。

缺点：①由于二手资料是为其他研究目的而产生的，因此二手资料与当前项目的相关性可能不足；②二手资料可能缺乏准确性，我们很难对其真实性加以辨别；③二手资料只能被动收集，不能掌握主动权。

特别需要指出的是，一般情况下应先收集和分析二手资料，再考虑着手进行调研和收集原始数据。

2. 二手资料的主要内容

1）政策法规性资料

政策法规性资料主要包括《城市居住区规划设计标准》GB 50180—2018，道路交通、住宅建筑、公建配套设施、园林绿化、工程管网等有关规范，上位规划中对居住区的规划要求等，它们都具有相应的法律效力，在规划设计的工作中要严格参照有关标准和规范来执行。主要参考的政策法规性资料包括：

《中华人民共和国城乡规划法（2015修正）》；

《中华人民共和国土地管理法》；

《中华人民共和国环境保护法》；

《城市居住区规划设计标准》GB 50180—2018；

《住宅设计规范》GB 50096—2011；

《建筑设计防火规范》GB 50016—2014；

所在城市的总体规划；

所在地块相关的控制性详细规划；

国家及省、自治区、直辖市有关现行法规、规范及规定；

其他各类相关规划。

2）自然地理资料

勘察及测量资料主要包括工程地质、地下管网、高程图、地形图等。

气象资料主要包括温度、湿度、降水、风向、风速、日照、冰冻、地区小气候等。

水文资料主要包括水位、流量、流速、洪水淹没界线等。

道路交通资料主要包括邻接车行道等级、路面宽度、接线点坐标和标高，车站、地铁站等重要交通节点的位置、距离等。

基础设施资料主要包括自来水管、电路、燃气管道等基础设施的线路和管道位置，有无高压线经过等。

3）人文地理资料

人文地理资料主要包括周边建筑形式及风格、地方习俗、民族文化、文物古迹遗存等。人类的文化会在历史的积淀中以各种形式融汇于建筑和规划当中，设计师需要充分了解当地的居住文化、生活方式、风俗习惯等，才能设计出符合当地居民心理预期的规划方案。

2.1.4　一手资料调研

1. 一手资料的概念

一手资料是指亲自从实践或调查中获取的资料。一手资料是经过本人调查验证的，不经修饰的，最原始、最真实的信息。

优点：一手资料是主动获取的资料，因此和调研目标的相关性和契合度更高。由于一手资料经过实践的检验，其准确度和真实性更高。

缺点：一手资料的获取难度更大，耗时费力，成本也相对较高。因此，一手资料的调研一定要建立在对二手资料的分析理解基础之上，这样才能保证在实地调研时更有针对性，从而节省人力物力，提高效率。

2. 一手资料的主要内容

1）场地条件调查

场地的自然条件：在诸多地理环境要素中，地形、地貌是影响居住区规划设计的根本性要素，因此要实地勘查场地的地形地貌特征，从而在设计中充分体现出居住区的地域特色。按地形、地貌可以把居住区大致分为三类：平地居住区、山地居住区和滨水居住区。

①平地居住区

平地居住区的基础环境优越，对于规划设计的限制因素较少。在格局上通常表现为方正、平直、严谨的空间结构，交通动线流畅便捷，通达度高，如图 2-1 所示。

②山地居住区

相对于平地居住区而言，山地居住区对于规划设计的限制因素较多，在设计时要充分考虑山地的地形地势。但在规划中可以创造出更加丰富的空间形态和更具创意的园林景观。在道路交通的设计上可以将平路和阶梯式步道相结合，如图 2-2 和图 2-3 所示。

图2-1 平地居住区

图2-2 山地居住区

图2-3 阶梯式步道

③滨水居住区

滨水居住区在水资源相对丰富的地区十分常见。在设计中要充分利用自然水系的景观优势，充分契合当地的历史文化传统和建筑风格，如图2-4所示。

场地的建设条件包括场地的区域位置条件及交通通达情况；周围场地情况，如相邻场地的建设状况；场地内部的建设条件，如现状建筑情况、场地设施状况、现状绿化情况等，以及是否有需要保护或保留的老旧建筑及古树名木等。

场地的人文条件包括地块及其周边的历史文化概况；有特色的建筑立面和天际线；场地附近的特殊景观、文化元素等。

图 2-4　滨水居住区

2）当地居民调查

当地通常已有居民居住，他们对场地的了解更为深入，更是该地区发展的见证者和亲历者。因此，充分调查了解当地居民的需求是十分重要的，其目的在于分析和评价现状居住环境和条件，指导具体的规划设计工作。

①居民基本情况调查

居民基本情况的调查是以家庭为单位，一般包括被调查家庭成员年龄构成、家庭类型、家庭经济状况等内容，见表 2-1~ 表 2-3。

家庭成员年龄构成　　　　　　　　　　　　　表 2-1

年龄段	学龄前 （6 岁以下）	青少年 （6~18 岁）	青年 （19~30 岁）	中青年 （31~45 岁）	中年 （46~60 岁）	老年 （60 岁以上）	总计
人数 （人）							

注：在空格处填入具体人数。

家庭类型　　　　　　　　　　　　　　　　　表 2-2

家庭类型	核心家庭	三代同堂	无孩家庭	单亲家庭	单身家庭	老年家庭	其他
含义	父母加未婚子女	具有血缘关系的三代人合住	夫妻两人没有子女	父母一方加子女	一个成年人单独居住	家庭成员年龄均大于 60 岁	
选项							

注：在符合情况的选项下打√。

家庭经济状况（单位：万元）   表 2-3

家庭月收入	<0.5	0.5~0.8	0.8~1.0	1.0~1.5	1.5~2.0	2.0~3.0	3.0~5.0	>5.0
选项								

注：在符合情况的选项下打√。

②实况调查

实况调查指的是对居民当前生活现状的调查，主要包括配套设施的使用频率、出行方式、消费情况等，目的在于了解当地居民的生活习惯和规律，见表 2-4。

居住区配套设施实况调查表   表 2-4

设施类型		几乎不用	偶尔使用	经常使用
商业服务业设施	餐饮店铺			
	菜场			
	其他小商业点			
公共服务设施	体育场馆			
	幼儿园			
	文化活动中心			
	养老院			
社区服务设施	社区食堂			
	室外健身设施			
	公共厕所			

注：在符合情况的选项下打√。

③意向性调查

意向性调查指的是居民对期望的居住环境的调查。由于意向性调查具有很大的开放性和主观性，因此需要调查人员对居民进行有效引导。以配套设施的意向性调查为例，该调查有两个目标，一是明确配套设施的重要程度，二是给出位置建议，见表 2-5。

其中，表 2-4 中的幼儿园是指对 3~6 周岁幼儿进行集中保育、教育的学前使用场所，表 2-5 中的托儿所是指用于哺育和培育 3 周岁以下婴幼儿使用的场所。

居住区配套设施意向性调查表   表 2-5

新增设施类型		重要程度			位置建议			
		非常重要	一般重要	不重要	集中于中心位置	集中于出入口位置	适当分散	其他意见
商业服务设施	超市							
	健身房							

续表

新增设施类型		重要程度			位置建议			
		非常重要	一般重要	不重要	集中于中心位置	集中于出入口位置	适当分散	其他意见
公共服务设施	卫生服务站							
	托儿所							
社区服务设施	快递点							
	非机动车停车场							
	机动车停车场							
其他需新增的设施								

注：在符合情况的选项下打√。

2.2　资料调研的方法

2.2.1　文献搜集法

文献搜集法是搜集各种二手资料并从中摘取相关信息的方法。通过二手资料的查找可以继承前人的研究成果，从整体上把握和理解项目。

2.2.2　观察法

观察法可分为现场勘察和调查观察。现场勘察侧重于对场地状况的观察记录，调查观察侧重于对社会行为、风俗习惯、历史文化、情感态度的观察记录。

2.2.3　问卷调查法

问卷调查法就是调查者用控制式的测量表对所研究的问题进行度量，从而搜集到可靠资料的一种方法。在设计问卷时应包括：标题、前言、正文、结束语四部分。

在设计问卷问题时应注意以下几点：①把握题目的逻辑性，合理设置问题的顺序；②问卷内容精炼，抓住关键性问题；③保证立场的中立性，避免设置引导性问题；④问卷用词要准确易懂、清楚明了，避免出现专业性词汇和模棱两可的用语。

在问卷发放时要保证有效性，如抽样方法、发放和回收方式、调研时间段选择等都要经过深思熟虑。在发放问卷时，可以充分利用互联网手段进行线上发放、回收和统计分析，从而提高问卷调查的效率。

2.2.4　访谈法

访谈法是指调查人员与被调查者通过面对面交流的方式来了解被调查者心理和行为的研究方法。根据研究目的、对象的不同，访谈法也有多种具体的形式。根据访谈的标准化程度，可将它分为结构性访谈和非结构性访谈。

结构性访谈又称为标准化访谈，其特点在于整个调查在设计、实施和资料分析的过程中标准化的程度非常高。具体来说，结构性访谈对选择访谈对象的标准和方法、访谈中提出的问题、提问的方式和顺序、被访者回答的方式、访谈记录的方式等都有统一的要求；有时甚至对于访谈员的选择以及访谈的时间、地点、周围环境等外部条件，也要求对所有被访者保持一致。这种方法的目的在于确保对每一个被访者精确地呈现以同样的顺序出现同样的问题，确保答案总体上可靠，并确保不同样本群之间或不同测量周期之间具有可比性。标准化访谈要使用谈话提纲，这种提纲与一份问卷相似，但不是由被访者笔答完成，而是由访谈员面对面按提纲提问，记录被访者的回答完成，并且访谈员可以对提纲内容做解释，因此标准化谈话记录的回收率和有效性要好于问卷法。

非结构性访谈又被称为非标准化访谈、深度访谈、自由访谈。它是一种无控制或半控制的访谈，事先没有统一问卷，而只有一个题目或大致范围或一个粗略的问题大纲。这种方式的开放程度和自由程度非常高，但要求访谈者能够积极引导访谈，围绕需调查的问题展开，不能偏离调查目标。

访谈法可以就相关问题进行深入了解，从而获得更多、更有效的信息。因此，访谈法往往建立在问卷调查法的基础之上，就问卷调查筛选出的关键信息点展开深入访谈。在具体的访谈活动中，需要调查人员的正确引导，才能保证访谈的信度和效度。

2.3　资料的分析整理

资料收集完毕后要进行分析整理，完成相关现状图图件的绘制，为下一步的规划设计提供基础性资料。

2.3.1　区位分析

区位分析要遵循从宏观到微观的原则，不断缩小尺度，细化图面的表达内容。如图 2-5 所示，地块的区位分析要能够反映出项目所在城市功能区块的划分及关系、项目周边的道路交通情况、项目周边建设情况等内容。区位分析有利于对项目进行合理的定位。除了图纸的绘制之外，还需要加以文字说明。

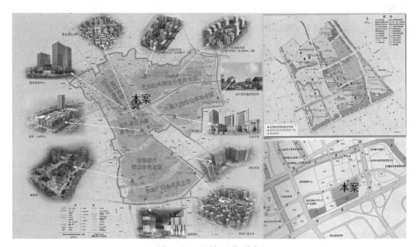

图 2-5　地块区位分析

2.3.2　现状分析

现状分析要将现场考察的照片与地图绘制相结合，说明现场地形地貌及周边建设情况。如图 2-6 所示就是对居住区地块周边的现状分析。

图 2-6　居住区地块周边的现状分析

根据所掌握基础资料，把相关的信息绘制到底图上，可以使规划设计人员更全面、更直观地了解场地的信息，为规划设计的展开打好基础。在绘制的过程中，要特别注意图层的分类，不同种类的信息要分别储存在不同的图层里，方便查看和编辑。

 【思考与练习】

1. 思考题

1）调研的基本内容包括哪些？

2）居住区规划调研的方法有哪几种？

3）场地条件调查包括哪些内容？

2. 综合实训

居住区规划设计调研，主要内容如下：

1）区位及背景资料；

2）居住区规模估算，包括用地规模、人口规模、人均用地面积等；

3）用地与建筑构成。各类性质的用地比例、现状建筑布局、质量和高度；

4）规划控制要求。路网结构、出入口、建筑控制线、严禁机动车出入路段等。

模块 3　居住区用地与布局形式

◈ 【学习目标】

通过本模块的学习，学生能够了解居住区用地的构成，居住区的空间要素。通过学习居住区常用布局形态，掌握规划设计的基本手法与要求，并且能在居住区规划设计中灵活运用。

◈ 【学习要求】

能力目标	知识要点	权重	自测分数
掌握居住区的用地构成	各类用地构成	20%	
熟悉居住区的空间要素	空间层次、空间轴线、空间节点	30%	
掌握居住区的常用布局形式	布局形态	50%	

◈ 【内容导读】

在对居住区的基础资料进行调查分析研究，明确了规划任务之后，就可以开始对一个居住区地块进行规划设计了。做任何一项规划，都要从大处入手，居住区规划也不例外。本模块将学习居住区的构成要素及主要用地，以及这些要素在空间上形成的各种组合方式，而这些要素的布局形式，构成了居住区的千姿百态。

居住区的布局形式是居住区规划的一个底层框架。在后面的模块中将学习居住区的建筑、道路、景观等的布局，这些内容都是基于这个底层框架的有机组成。

3.1 居住区的用地构成

3.1.1 居住区的要素构成

居住区是人们的生活聚居场所，为居民提供生活居住空间，满足人们日常起居的物质和精神需求。所以从这个角度分析，居住区是具有物质要素和精神要素的构成。

1. 物质要素。居住区是由各种自然物和人工建造物构成的，包括自然要素和人工要素，共同建构了居住环境。

自然要素：居住区所处的区位（地理区位、交通区位等）、地块的地形地貌、水文条件、原生植被覆盖等。

人工要素：人工营建的各种建（构）筑物，包括各类建筑如住宅、公共建筑、生产建筑等，各类工程设施如道路、管网、绿化、桥梁、驳岸、挡土墙等。

2. 精神要素。各类物质要素构成的居住区物质环境，并非简单的堆砌，这些物质要素所建构的是一个人居环境，同时必然糅合了各层面的精神要素。

人的要素：居民的人口结构、行为方式、居民心理等。

社会要素：政策法规、物业管理、地域文化、社区生活、邻里关系等。

一个居住区规划，要考虑各类物质要素的布局，但并不仅仅是这些建筑、绿化、管线的简单排布，必须要看到这些物质要素的排列所营建的是一个有格调、有韵味、有文化的人居环境，各种要素所构成的是一个有机整体。

3.1.2 居住区的用地构成

人们在居住区中的日常活动包括餐饮、文化娱乐、教育、休闲健身等（图 3-1）。

图 3-1　主要日常活动

　　为了完成这些居住活动，在居住区内要安排各种不同性质的用地，建造不同功能的建筑。通常，居住区由住宅用地、配套设施用地、公共绿地、道路用地四种用地构成。

　　对于不同类型的居住区以及区内住宅建筑不同的平均层数，这四种用地的比例也有差异。不同生活圈居住区的各类用地控制指标如表 3-1 所示。

居住区用地控制指标　　　　　　　　　　　　　　　　表 3-1

居住区类型	住宅建筑平均层数	居住区用地构成（%）				
		住宅用地	配套设施用地	公共绿地	道路用地	合计
十五分钟生活圈居住区	4~6 层	58~61	12~16	7~11	15~20	100
	7~9 层	52~58	13~20	9~13	15~20	100
	10~18 层	48~52	16~23	11~16	15~20	100
十分钟生活圈居住区	1~3 层	71~73	5~8	4~5	15~20	100
	4~6 层	68~70	8~9	4~6	15~20	100
	7~9 层	64~67	9~12	6~8	15~20	100
	10~18 层	60~64	12~14	7~10	15~20	100
五分钟生活圈居住区	1~3 层	76~77	3~4	2~3	15~20	100
	4~6 层	74~76	4~5	2~3	15~20	100
	7~9 层	72~74	5~6	3~4	15~20	100
	10~18 层	69~72	6~8	4~5	15~20	100

　　注：本表数据见《城市居住区规划设计标准》GB 50180—2018。

　　表 3-1 中的"住宅建筑平均层数"是指：一定用地范围内，住宅建筑总面积与住宅建筑基底总面积的比值所得的层数。

　　"住宅用地"是指住宅建筑基底占地及其四周合理间距内用地的总称，包括宅间绿地和宅间小路等（图 3-2）。

　　"配套设施用地"是对应居住区分级配套规划建设，并与居住人口规模或住宅建筑面积规模相匹配的生活服务设施；主要包括基层公共管理与公共服务设施、商业服务设施、市政公用设施、交通场站及社区服务设施、便民服务设施。"配套设施用地"包括配套设施的基地占地，及其所属场院、绿地和配建停车场等（图 3-3）。

　　"公共绿地"是指满足规定的日照要求、适合安排游憩活动设施的、供居民共享的集中绿地，包括居住区公园、小游园及其他块状带状绿地等（图 3-4）。

　　"道路用地"是指居住区内各级道路以及非配套设施配建的居民汽车地面停放场地（图 3-5）。

　　从表 3-1 可以看出，不同类型的居住区，住宅用地均占最大比重，这反映了用地的居住属性。

图 3-2 住宅用地

图 3-3 配套设施用地

图 3-4 公共绿地

图 3-5 道路用地

另外，住宅用地的比例在高纬度地区偏向指标区间的高值，配套设施用地和公共绿地的比例偏向指标的低值，低纬度地区则正好相反。这与住宅建筑所需的日照间距有关，高纬度地区的住宅建筑所需日照间距较大。

城市道路用地的比例与居住区在城市中的地理区位有关，靠近城市中心的地区，道路用地控制指标会偏向高值。

3.2 居住区的空间要素

居住区空间呈现各种分布形态，它受居住区地块的形状、高差、地貌等因素的影响，也与居住区内建筑、道路、景观等物质要素的分布排列密切相关，反映在规划平面上，就是居住区的空间组合关系。

居住区的各种空间要素，有点、线、面等各种存在形式，各种要素之间相互关联、相互影响、相互制约，共同形成居住区的整个空间环境。

所谓居住区的规划，从本质上讲就是完成一个空间的布局，由各种物质要素组合成一种空间的形态。

3.2.1　空间层次

居住区是一种生活空间，和人们的日常起居息息相关。一般来说，从设计的角度可以把生活空间划分为：私密空间—半私密空间—半公共空间—公共空间四个层次。在规划布局形态时，要遵循这四个空间的逐级衔接，应保证不同私密度的空间之间的合理过渡，以及各个空间的相对完整。建筑的不同体量、不同高度、不同位置之间，也会产生空间的层次，如图 3-6 所示。

另外，在不同类型空间的分布时，还应考虑交通、景观等要素的作用，形成不同层次空间的通达性和围合程度。

图 3-6　建筑形成的空间层次

3.2.2　空间轴线

居住区内各物质要素组成一系列空间层次，或相互套叠，或层层递进，其中大多以空间轴线相互串联。这些空间轴线有主有次、有长有短、有实有虚，它们不仅是串接各物质要素的基本手法，也是将居住区内各功能空间有机联系的一个途径。

根据空间轴线的各种特性，可以划分为以下主要几组类型：

按功能可分为景观轴线、交通轴线、商业轴线等。运用轴线把景观要素、交通要素、商业服务设施、公共广场等连接起来，形成空间轴线。图 3-7 就是某居住区的一条商业轴线，图 3-8 是该居住区的一条景观轴线。

按重要性可分为主要轴线、次要轴线。有的轴线贯穿了整个居住区，将各主要的功能片区联系起来，成为组织居住区空间形态的主要手段，是居住区的主要轴线。有些轴线则并非居住区空间的主要轴线，只是在局部地段、发挥次要功能的，形成次要轴线。

按空间轴线的相对长度，可以分为长轴和短轴。有些长轴可以贯穿整个居住区，形成主要轴线。

按轴线本身的组成，可以分为实轴和虚轴。有些轴线是由道路、场地的围合等形成，可以称为实轴，如图 3-7 中的轴线就是由建筑的排列以及道路的走向形成的，是实轴；有些轴线是因为人的观赏视线等原因而形成，可称为虚轴，如图 3-8 的景观轴线就是因观景者的视线形成，开阔的水面并没有形成实体的轴线，这是虚轴的设计手法。虚轴在设计视线走廊、景观渗透时运用较多。

图 3-7　商业轴线　　　　　　　　　　　图 3-8　景观轴线

3.2.3　空间节点

在居住区空间的一些重要点位，如空间轴线的端点、交叉点、中点，以及居民日常行为的集聚点等，会形成空间上的节点。这些是空间形态的重要表现形式，需要在规划中予以关注。

图 3-9 是建筑围合的庭院空间与几条步行通道交叉形成的景观节点，规划在此处布置了一处雕塑小品，构成了一处景观。

图 3-10 是在健身步道的一侧，布置了儿童游乐设施，成为人们日常活动的聚集点，这就构成了一处公共活动的节点。

这些景观塑造形成的节点、人们活动聚集形成的节点，形成了居住区内的空间节点。很多时候，景观节点会成为人们经常活动的聚集点，一处设计优秀的活动设施有时候也会成为一道亮丽的景观。

图 3-9　景观节点 　　　　　　　　　　　　　　图 3-10　儿童游乐设施

3.3　居住区的布局形式

　　居住区的布局形态是指居住区的建筑、道路、绿地等要素在空间上的分布所呈现出的构图方式，它应当是符合居民的生活习惯和行为特征，是以人为本的。居住区规划在构建布局形态时，应从以下几个方面考虑。

　　居住区用地规划的布局形态，应当以实现社区的发展和居民生活质量的提高为目标的，继承和发扬文化传统，合理高效地整合各种资源，以达到社会、环境、文化、经济各方面的整体和谐。

　　居住区用地规划的布局形态，应体现宜居、多样、生态的特色，使居民生活有良好的物质生活设施的保障，实现社区的可持续发展。

　　居住区用地规划的布局形态，应与城市以及居住区所在地段的总体结构相结合，充分考虑周边的自然、人文等因素，在功能布局、路网组织、设施配套、景观设计等方面，与周边环境相融合。

　　居住区用地规划的布局形态，应根据城市总体规划的发展布局，充分考虑远近期发展的衔接，为居住区发展留有适当的余地。

　　居住区规划的常用布局形态有以下几类，但具体到不同居住区的规划时，不应拘泥于模式，而要根据居住区的具体发展需要及环境特征，遵循规划的基本原则和理念，因地制宜，创造性地进行规划设计。

1. 区块式布局

　　住宅建筑在尺度、形体、朝向等方面具有较多相同的因素，并以日照间距为主要依据建立起来的紧密联系所构成的群体，它们不强调主次等级，成片成块、成组成团地布置，形成区块式布局形式。在各个区块内布置组团的公共配套设施和中心绿地，居住区共用的配套设施和公共绿地，则分布于各区块的组合中心地区，这样就形成了整个居住区布局上的分级结构。

区块式布局方式适应性广，可以不拘于平原、山地，以及水网地区。通常以居住区的主干路、自然水体，或者地块的不同高差，来划分不同的区块。

在一些有特殊开发要求的居住区规划，如地块内需要保留一部分旧有建筑的，或者需划出一块地作为安置用房等特别用途的，或者开发时序有较大差异的等情况，也通常采用区块式布局形态。

图 1-17 中的居住区规划，即采用区块式布局。区块式布局见图 3-11。

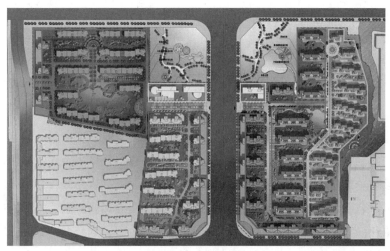

图 3-11 区块式布局

区块式布局形式的优点是：布局灵活、各区块相对独立，施工运营管理都比较方便。其缺点是：各区块之间无主次空间之分，空间层次感欠缺。

实际在运用区块式布局方式进行居住区规划时，我们还会同时采用其他手法，来强化各区块之间的空间层次，以及顺序的次第展开，以避免这种布局方式的缺陷。

2. 轴线式布局

居住区按某一空间轴线展开，空间轴线可以是实的，也可以是虚的。实的轴线通常由线性的道路、绿带、水体等构成；虚的轴线可以是视线走廊等。但不论轴线的虚实，都具有强烈的聚集性和导向性。一定的空间要素沿轴线分布，或对称布置或均衡布置，形成具有节奏的空间序列，起着支配全局的作用。

轴线式布局可以应用于居住区整体布局，也可以应用于居住区的部分地块。图 3-12 就是某居住区运用轴线式布局的规划，中间的景观大道成为整个片区的中轴线。

轴线两侧的空间布局可以是对称的也可以是不对称的。但由于居住区规划更讲究营造自然亲和的人居环境，因而不对称布局的居多。

　　轴线式布局形态，通过空间轴线上的节点元素（如广场、水池、园林小品等）的分布，以及运用高差、组织流线等手段，呈现一种起落有致、有收有放、层层递进的空间效果。

　　轴线式布局形式的优点是：布局呈现层层递进、开合有致的形态，具有均衡美。其缺点是：当轴线长度过长且过于强调左右对称时，会给人单调的感觉，如果中轴对称做得过于严肃，则与居住区亲和宜人的氛围相抵触。

3. 围合式布局

　　将一定空间要素围绕占主导地位的要素组合排列，表现出强烈的向心性，易于形成中心。这种布局形式在山地居住区可以顺应自然地形，布置环状路网造就向心的空间布局；在平地居住区可以通过建筑分布、路网及绿地布置，形成围合的空间。图 3-13 利用建筑的围合式布局，结合景观水面和绿化布置，形成了几个向心空间。

　　围合式布局方式，可以用于整个居住区的规划，使其构成一个大的围合空间，形成居住区的构图特色。也可以用于居住区的局部地块，几幢楼围合成一个庭院空间，作为附近居民的休闲活动场所。

　　围合式布局形式的优点是：能够形成一个有效的社区边界，创造一个具有良好封闭性、向心性的居民生活空间，给予居民较好的安全感和归属感，符合中国人传统的四合院生活习惯。其缺点是：围合式布局容易使某些住宅的日照、通风受到影响，楼房中间一些位置的绿化也得不到充足的日照和通风。

4. 隐喻式布局

　　这种布局方式通过对居住区平面形态、建筑和道路布局方式等与某一美好事物的类比，经过概括、提炼、抽象成建筑与环境的形态语言，可以使人产生某种联想或产生某种暗示，从而使居住区规划物质层面的各个要素得到境界的提升，达到"意在象外"的效果。图 3-14 结合地形、建筑布局、道路走向，隐约呈现出凤凰的图案，形成"有凤来仪"的美好意象。

　　隐喻式的规划布局，要结合地形地貌、建筑文化、民众观念、开发意图等因素来考虑，在居住区的物质层面之上，体现精神层面的更高追求和文化层面的象征意义，难度较大。成功者能收到事半功倍之效，不成功的案例则有牵强附会、弄巧成拙之嫌。

　　隐喻式布局的优点在于：具有较强的视觉和文化的感染力，可以得到购房客户的认同，有利于创造该居住区项目的品牌。其缺点是：容易流于形式，难以做到神形兼备。

5. 综合式布局

　　前述的各种布局形式，都是理论上的总结和提炼，在实际运用过程中，从自然地形、交通布置、建筑布局、美学形态等等各种因素考虑，往往会不拘一格。各种布局形式，会以一种形式为主兼容多种形式，从而形成组合式或自由式的布局，这可以称为综合式布局。

038

图 3-12 轴线式布局

图 3-13 围合式布局

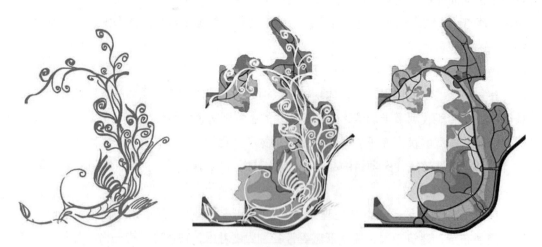
图 3-14 隐喻式布局

图 3-15 所示的居住区就是采用了多种布局方式的综合式布局。从整体看，由居住区分隔成几个区块，采用了区块式布局方式。在各区块之间则采用了围合式布局的手法，通过建筑和景观绿化的布置，形成大的围合。在中间区块又采用了围合与轴线式相结合的布局手法，设计了一个中轴对称的围合庭院空间。整个居住区的布局手法不一而足，灵活变化。

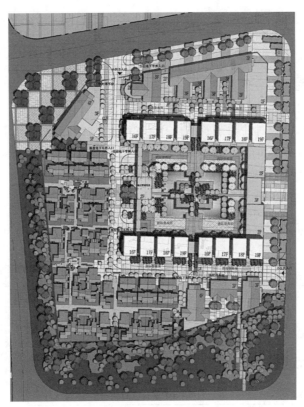

图 3-15　综合式布局

 【思考与练习】

1. 思考题

1）居住区的用地根据不同的功能要求，一般可分为哪几类用地？

2）从设计的角度我们可以把生活空间划分为哪四个层次？

3）列举居住区规划的常用布局形态及其优点。

2. 综合实训

根据本模块内容的学习，对课程设计给定的地块进行初步规划布局设计，成果以设计概念草图的形式提交。

模块 4 住宅建筑规划

💠 【学习目标】

通过本模块对住宅建筑的类型与特点、建筑选型、建筑群体布局的学习，学生能够进行建筑的选型和总体布局，掌握规划设计的基本手法与要求，并且能在居住区规划设计住宅建筑相关内容中灵活运用。

💠 【学习要求】

能力目标	知识要点	权重	自测分数
熟悉住宅建筑的分类及功能组成	建筑按层数分类、按平面形式分类	20%	
掌握住宅建筑的选型	住宅建筑造型的原则与依据	20%	
掌握住宅建筑的间距与朝向	日照间距，消防间距，采光、通风、视觉、卫生间距要求，朝向	30%	
熟悉住宅建筑的空间组织	行列式、周边式、点群式和混合式等类型	30%	

💠 【内容导读】

居住是居住区的主体功能，住宅建筑当然是居住区中最主要的建筑类型，本模块将学习住宅建筑的规划布局。

首先是，该布局的住宅建筑形式。这涉及住宅的类型及住宅选型。其次是，布置住宅建筑时的要求，例如建筑的朝向、日照、通风、消防的要求等，及几幢住宅建筑组合的要求。最后是，就整个居住区而言，住宅建筑的布置方式，及其与规划布局形式的统一。

4.1　住宅建筑的分类及功能组成

4.1.1　建筑的功能分类

建筑，是人们根据生活或生产的要求，为实现各种不同的社会过程（包括生活、生产、文化等），而建造的有组织的内部和外部的空间环境。所以从本质上来说，它是一种人工创造的空间环境。

1. 建筑的三要素

建筑具有三要素，即建筑的功能、技术、艺术。

建筑的功能，是人们建造建筑物的主要目的之一，是指该建筑的用途及使用要求。例如人们为了实现居住功能建造了住宅、为了购物建造了商店、为了医疗建造了医院。这些建筑都是为了实现特定的功能。

建筑的技术，是建造房屋的手段，包括建筑的结构和构造、所用的建筑材料、建筑的设备、建筑工程施工技术等各项技术保障。

建筑的艺术，包括建筑群体和建筑单体的体型、建筑内部和外部的空间组合、建筑的立面构图、细部处理、材料的色彩和质感，以及建筑空间的光影变化等各种因素所创造的综合艺术效果。

2. 建筑的功能分类

根据建筑的功能和用途，我们可以把建筑分为民用建筑、工业建筑和农业建筑三大类。其中，民用建筑是供人们居住和进行公共活动的建筑的总称，它又包括居住建筑和公共建筑两类（图 4-1）。

我们在城市中看到的建筑，大多属于民用建筑。其中，供人们居住用的建筑，称

（a）居住建筑   （b）公共建筑

图 4-1　建筑按功能分类

（c）工业建筑　　　　　　　　　　　　（d）农业建筑

图 4-1　建筑按功能分类（续）

为居住建筑，它又可以分住宅类建筑（如单元住宅）和宿舍类建筑（如集体宿舍）；供人们进行各种公共活动的建筑，称为公共建筑，一般包括办公建筑（如写字楼）、商业建筑（如商场）、旅游建筑（如酒店）、科教文卫建筑（如学校）、通信建筑（如通信大楼）、交通运输类建筑（如车站）等。

工业建筑是工业生产所需的各类建筑，如厂房车间等。农业建筑是农业、牧业、渔业生产和加工所需的各类建筑，如种植暖房等。

在居住区规划中，布局的建筑都属于民用建筑，其中的主要类型就是各种住宅类建筑，以及少量公共建筑（如商店、幼儿园等）。

4.1.2　住宅建筑的分类

住宅建筑根据不同的划分标准，可以分为多种类型。通常在居住区规划中会根据住宅建筑的层数划分类型或根据住宅建筑的平面形式划分类型等。在房产市场还有根据住宅交付时的装修程度（如精装修房、毛坯房等）、根据产权形式（如商品房、公房、小产权房等）以及其他方式来划分的，因与居住区规划关系不大，本教材不作介绍。

1. 按层数分类

根据《城市居住区规划设计标准》GB 50180—2018，住宅建筑按建筑层数不同，可以划分为低层住宅、多层住宅（多层Ⅰ类、多层Ⅱ类）、高层住宅（高层Ⅰ类、高层Ⅱ类）（图 4-2）。

其中，低层住宅是指 1~3 层的住宅。多为新建的高档住宅区（包括独栋别墅、联排别墅），以及乡村自建房或老城区的部分老旧住宅。低层住宅的特点是与环境结合紧密、建筑结构体系简单、建造成本低，但土地使用成本很高。高档的低层住宅区，往往体现为绿地化高、环境优美等特点。

（a）低层住宅

（b）多层住宅

（c）高层住宅

图 4-2　住宅建筑按层数分类

多层住宅是指 4~9 层的住宅，又可分为多层Ⅰ类（4~6 层）、多层Ⅱ类（7~9 层）。高层住宅是指 10~26 层的住宅，又可分为高层Ⅰ类（10~18 层）、高层Ⅱ类（19~26层）。不同分类的住宅在居住区规划时的建筑控制指标是不同的，它们是城市居住建筑的主要类型。现行的住宅设计规范规定 7 层及以上的住宅建筑必须安装电梯，但很多省市发布的地方规定，确定新建的多层Ⅰ类住宅也应安装电梯。

2. 按平面形式分类

住宅建筑按平面形式划分，可以分为单元式、走廊式、独门独院式、跃层式、错层式、复式等多种形式。

1）单元式住宅

单元式住宅是多层和高层楼房中采用最多的一种住宅建筑形式。通常每层楼面只有一个楼梯（或一个楼梯加 1~2 部电梯），住户由楼梯平台直接进入分户门。通常，单元式住宅每个楼梯可以安排 2~4 户，形成一个居住单元，故称之为单元式住宅，又称为梯间式住宅。

根据每个单元住宅户的数量，又可分为一梯两户（图 4-3）、一梯三户、一梯多户等形式。单元户数越少，公共楼梯间对住户的影响也越小，能够更好地保证住户的私密

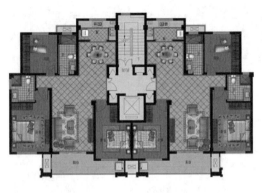

图 4-3　一梯两户单元式住宅

性和良好的通风采光效果。当然，在计算每户销售面积时，单元户数越少则公共部位面积的分摊系数就越高。

在居住区规划中，可以由一个单元的住宅形成点式住宅楼和塔式住宅楼，或者由数个单元拼接形成条式住宅楼。图 4-3 的右图就是由 3 个单元拼接而成的条式住宅楼。

2）走廊式住宅

走廊式住宅主要有外廊式住宅和内廊式住宅。

外廊式住宅（图 4-4）较多出现在多层、高层的板式住宅和"Y"形、"工"字形的点式住宅中，也有少量在联排式低层住宅中采用。

这类住宅是在户型的单侧设置公共走廊，经过走廊通向楼梯和电梯。外廊式住宅由水平的长外廊直接进入分户门，分户明确，每户均可获得较好的朝向，采光和通风较好。但不利的方面是：每户的门和部分窗户对着公共走廊，相互干扰较大；外廊作为公共交通走道，所占的面积较多。按走廊所在的朝向方位分类，外廊式住宅分南廊和北廊两种，考虑到居室的朝向以及房间的布置，多采用北廊的布置形式。

内廊式住宅（图 4-5）是指住宅内部有一条贯穿于整层的公共长廊，它较多出现在宿舍建筑中，在普通住宅中较少采用。内廊式住宅的公共交通面积少，单位楼电梯服务的户数最多，房屋的进深加大，有利于节地和节能。但是这种类型的住宅造成大量的单朝向户数，采光通风不好；尤其是走廊北面的户型，没有阳光直射，不利于居住。而且，这类户型的户间干扰大；走廊内没有自然光照明，过于昏暗，需要采用人工照明；并且通风不畅，环境不好。

此外，也有内廊外廊相结合的廊式住宅。

3）独门独院式住宅

独门独院式住宅，有独立的庭院空间，入户门独立，从室外进入，不经过共用的走道，居住环境好，住户间干扰少。这种住宅形式占地较多，市场价格高，是住宅市场的高端产品。一般认为，独门独院式住宅包括别墅和排屋两类住宅产品。

　　别墅是独门独户独院的一种住宅建筑（图 4-6），四周都可以直接采光通风，在建筑周围有面积不等的院落，带私家花园，私密性强。

　　排屋是一种由几个住宅单元组合、有共用墙体或共用楼板的居住建筑组合体，一般低于五层。根据不同的组合方式，排屋又有双联、联排、叠排等多种形式。双联排屋是

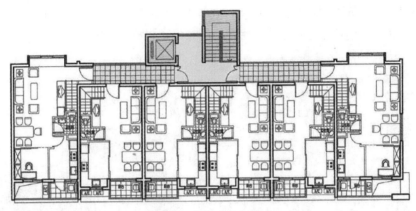

图 4-4　外廊式住宅平面

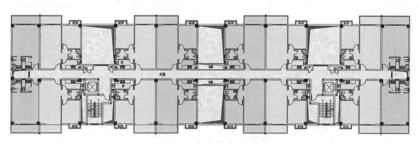

图 4-5　内廊式住宅平面

图 4-6　别墅效果图

由东西两幢拼联而成（图4-7），中间有共用墙体，两户有各自的入户大门，独门独院，私密性较强（图4-8）。联排排屋（图4-9），也称为多联排屋，是由三幢以上的住宅单元拼联而成，中间由几道共用墙体隔开。叠排排屋一般是指由两个单元上下叠放组成的住宅建筑，一般每户有入户花园或阳台花园，还有各自独立的入户大门。

4）跃层式、错层式、复式住宅

在多层或高层住宅中，有一类住宅，它的平面不在同一个标高层上的，这类住宅有多种组合形式，它们可分为跃层式住宅、错层式住宅和复式住宅。

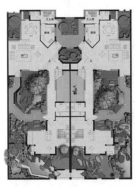

（a）一层平面图

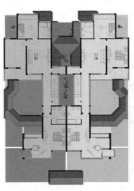
（b）二层平面图

图4-8　双联排屋实景

图4-7　双联排屋平面

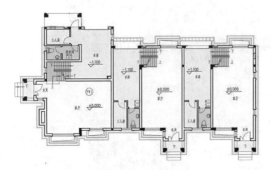

（a）一层平面图

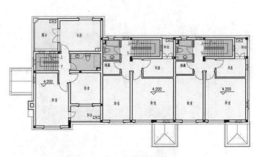
（b）二层平面图

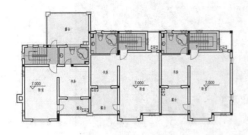
（c）三层平面图

图4-9　联排排屋平面图

　　跃层式住宅是指一户住宅有上下两层楼面，户内设有独用的小楼梯，上下层的交通由户内楼梯解决。跃层式住宅在布置时，通常把客厅、餐厅、厨房等空间放在下层空间，把卧室、书房等空间放在二层空间，卫生间和阳台则根据需要上下层均设，这样能更好地做到室内空间的动静分离，布局紧凑，功能明确。在这种住宅楼内，由于每两层才需设置电梯平台，可减少整幢楼的公共空间，提高空间使用效率。

　　错层式住宅是指一户住宅的平面不在同一个标高位置，即户内的卧室、客厅等空间位于不同平面上。通常采用在通往卧室、书房等房间的走道上设置几级台阶，形成不同空间感更加强化卧室、书房等的私密性。

　　复式住宅（图 4-10）是受到跃层式住宅和错层式住宅设计的启发，考虑到客厅空间较大，需要较高层高，而其他较小的房间不需要太高的层高，因而采用在层高较高的一个楼层中间增加一个夹层，来安排层高较小的空间。这样一来，每户可以做到两层，但合计层高大大低于跃层式住宅的两层层高，又高于普通平层住宅的层高，能够让客厅获得更加敞亮的效果。

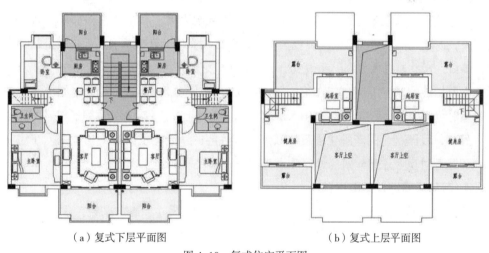

（a）复式下层平面图　　　　　　　　　　　　（b）复式上层平面图

图 4-10　复式住宅平面图

4.2　住宅建筑的选型

　　住宅建筑的选型，即选择住宅的面积和套型。住宅建筑选型，需要考虑国家相关标准、地区特点、家庭结构、市场需求等多个因素，具体可以从以下几个方面考虑。

1. 依据国家现行住宅标准

　　住宅标准是国家一项重大技术经济标准，反映了国家技术经济和人民生活水平，不同时期有不同的住宅标准。

不同套型配置合理，套型类别和空间布局有较大的适应性和灵活性；住宅平面布置合理，应具有卧室、起居室、厨房和卫生间等基本功能空间，内部空间尺度与构造应满足居住者活动的需要，并应保障居住者的安全。

住宅建筑应满足居民用水、用电、通风、炊事等基本生活的要求，应对用水、用电、用气进行分户计量。

住宅建筑布局应保证日照满足标准。项目应配置附属道路、绿地，并具备商业服务、便民服务等配套设施。

2. 适应地区特点

住宅选型应适应当地的气候条件、地形特点，以及居民的生活习俗。各地都有相应的地方性标准，可作为选型的参考。

例如，在炎热地区要考虑通风和遮阳；严寒地区和寒冷地区的住宅建筑应考虑冬季防寒防风雪，并设置供暖设施；在山地可考虑结合地形运用错层、分层入口的处理方式。

3. 适应家庭及人口结构变化

住宅选型应适应家庭结构的变化。随着经济社会发展、城市化进程加快、老龄化社会到来，以及人们思想观念改变，我国城市家庭结构变化有几个明显特征：家庭结构小型化，传统几代共居的大家庭已经很少出现，取而代之的是大量核心家庭（一对夫妻及其未婚子女所组成的家庭），家庭人口的流动性增加，单身族、空巢家庭增加。相应地，在住宅选型时可考虑选择适应性较强的公寓类住宅，如单身公寓、老人公寓等形式。

另外，我国社会的老龄化程度日渐加剧，住宅的适老化也日益受到重视，在住宅的设计和选型时也应注意建筑的适老化设计。

4. 有利于节地、节能设计

住宅的尺度包括开间、进深、层高这三个维度的尺寸。通常来说，住宅的开间越小、进深越大、层高越低，居住区的规划就越节约土地。理论上，一梯两户住宅的单元进深在 11m 以下时，进深每增加 1m，每公顷用地可增加建筑面积约 1000m²，进深在 11m 以上时则效果不明显；住宅层高每降低 10cm，可以节约土地 2%。不同的开间面宽同样会影响整体的用地效率。

另外，同样面积的住宅，开间越小、进深越大、层高越低，其外墙面积越小，节能效果越明显。

当然我们也应看到，开间过小、进深过大，会使住宅在采光、通风等方面出现不利因素，层高过低会影响居民的心理感受。因此，应强调"合理"二字，权衡多重因素，最后达到一个"合理"的结果。

5. 利于规划布置

住宅选型要有利于规划布置，适应用地条件，协调周边环境；要有利于形成邻里和社区空间，有利于形成规划结构，形成可识别的多样空间环境和良好的街景。

条式住宅与点式住宅的比例，与规划的建筑分布密切相关；住宅的南入口或北入口，与入户道路的位置相关；单体住宅的东西山墙是否开窗或设置阳台，与单体建筑能否侧向拼接相关。这些都应有利于我们完成整个居住区的规划布置。

6. 考虑到产品的市场定位

住宅选型应考虑到产品的市场定位。一个居住区项目的产品定位，即在确定了市场定位后，以此确定居住区的主要客户群、主力户型的面积、户型结构等。

4.3　住宅建筑的间距与朝向

居住区规划中安排住宅建筑的合理建筑，应考虑居住生活所需的安全、卫生、舒适等要求，住宅建筑与相邻建筑物、构筑物的间距应在综合考虑日照、采光、通风、管线埋设、视觉卫生、防灾等要求的基础上统筹确定，并应符合《建筑设计防火规范（2018 年版）》GB 50016—2014 的有关规定。同时，住宅建筑在布置时还应考虑朝向，以便在日照、采光、通风等方面得到最佳效果。

4.3.1　日照间距要求

日照间距要求即日照标准是确定住宅建筑间距的基本要素。日照标准的建立是提升居住区环境质量的必要条件，是保障环境卫生、建立可持续社区的基本要求。住宅室内的日照标准，由日照时长及有效日照时间段来衡量。一般以冬至日或大寒日当天照在底层窗台面的日照时数为准，且这一标准因不同的建筑气候区、不同的城市人口规模而不同。住宅建筑日照标准见表 4-1。

住宅建筑日照标准　　　　　　　　　表 4-1

建筑气候区划	Ⅰ、Ⅱ、Ⅲ、Ⅶ气候区		Ⅳ气候区		Ⅴ、Ⅵ气候区
	大城市	中小城市	大城市	中小城市	
日照标准日	大寒日				冬至日
日照时数（h）	≥2	≥3			≥1
有效日照时间	8~16 点				9~15 点
日照时间计算起点	底层窗台面				

注：底层窗台面是指距室内地坪 0.9m 高的外墙位置。

表4-1中的建筑气候区划可参阅《民用建筑设计统一标准》GB 50352—2019。我国幅员辽阔，地形复杂，由于地理纬度以及地势等条件的不同，各地气候相差悬殊。为了明确建筑和气候之间的关系，全国共划分为7个主气候区：

Ⅰ气候区：黑龙江、吉林全境；辽宁大部；内蒙古中、北部；陕西、山西、河北、北京北部的部分地区。

Ⅱ气候区：天津、山东、宁夏全境；北京、河北、山西、陕西大部；辽宁南部；甘肃中、东部以及河南、安徽、江苏北部的部分地区。

Ⅲ气候区：上海、浙江、江西、湖北、湖南全境；江苏、安徽、四川大部；陕西、河南南部；贵州东部；福建、广东、广西北部和甘肃南部的部分地区。

Ⅳ气候区：海南、台湾全境；福建南部；广东、广西大部以及云南西南部和元江河谷地区。

Ⅴ气候区：云南大部、贵州、四川西南部、西藏南部一小部分地区。

Ⅵ气候区：青海全境；西藏大部；四川西部、甘肃西南部；新疆南部部分地区。

Ⅶ气候区：新疆大部；甘肃北部；内蒙古西部。

表4-1中的大城市及中小城市是以城区常住人口为统计口径来划分的。根据《国务院关于调整城市规模划分标准的通知》（国发〔2014〕51号），城区常住人口100万以上的是大城市（包括大城市、特大城市、超大城市），城区常住人口50万以上100万以下的城市为中等城市，城区常住人口50万以下的城市为小城市。

另外，对于一些特殊住宅建筑，还应符合以下规定：

1）老年居住建筑的日照标准不应低于冬至日日照时数2小时。

我国已进入老龄化社会。老年人的身体机能、生活能力及其健康需求决定了其活动范围的局限性和对环境的特殊要求，因此为老年人服务的各项设施要有更高的日照标准。这是强制性规定，执行时不附带任何条件。

2）在原设计建筑外增加任何设施不应使相邻住宅原有日照标准降低，既有住宅建筑进行无障碍改造加装电梯除外。

针对增设室外固定设施，如空调室外机、建筑小品、雕塑、户外广告、封闭露台等，不能降低相邻住户及相邻住宅建筑的日照标准。但以下情况不在其列：栽植树木，对既有住宅建筑进行无障碍改造、加装电梯。

3）旧区改建项目内新建住宅建筑日照标准不应低于大寒日日照时数1小时。

在旧居住区改建时，建设项目本身范围内的新建住宅建筑确实难以达到规定日照标准时，可酌情降低标准。但无论什么情况，降低后的日照标准都不得低于大寒日1小时，也不得降低周边既有住宅建筑日照标准。

根据所在城市的日照标准以及当地的纬度，可以计算出居住区住宅建筑的日照间距系数。通常我们可以查阅当地的规划技术标准或者所在地块的控制性详细规划等，确定所规划居住区的住宅建筑日照间距系数。

住宅建筑的日照间距系数，是当地正南朝向的住宅，满足日照标准时的正面间距。图 4-11 中，南面住宅楼标高为 H_1，北面住宅楼底层窗台面标高为 H_2，两者高差 $H_1-H_2=H$，两幢住宅楼间距为 L。当满足日照标准时，$L=a\times(H_1-H_2)$。其中的系数 a 为日照间距系数。

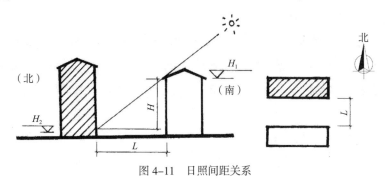

图 4-11　日照间距关系

对于不同方位的住宅，可以根据表 4-2 的不同方位日照间距折减系数进行换算。表中方位为正南向（0°）偏东、偏西的方位角；L 为当地正南向住宅的标准日照间距（m）。表中指标只适用于无其他日照遮挡的平行布置条式住宅。

不同方位日照间距折减系数　　　　　　　　　表 4-2

方位	0°~15°（含）	15°~30°（含）	30°~45°（含）	45°~60°（含）	>60°
折减系数值	L	0.90L	0.80L	0.90L	0.95L

4.3.2　消防间距要求

建筑的消防间距应满足《建筑设计防火规范（2018 年版）》GB 50016—2014 的有关规定；民用建筑之间的防火间距不应小于表 4-3 的规定。表中的"一级、二级、三级、四级"是指民用建筑的耐火等级，详见《建筑设计防火规范（2018 年版）》GB 50016—2014。

民用建筑之间的防火间距（m）　　　　　　　　　表 4-3

建筑类别		高层民用建筑	裙房和其他民用建筑		
		一、二级	一、二级	三级	四级
高层民用建筑	一、二级	13	9	11	14
裙房和其他民用建筑	一、二级	9	6	7	9
	三级	11	7	8	10
	四级	14	9	10	12

日照间距和消防间距，是居住区规划中确定建筑间距所需遵循的两个主要间距。它们的主要差别为：

1）日照间距只对居住建筑以及主要由特殊人群（如老年人、幼儿等）使用的公共建筑有约束；消防间距则对所有建筑都有约束。

2）日照间距只考虑南向及偏南向一定角度内的建筑间距；消防间距则对建筑物四周的建筑间距都必须进行考虑。

3）日照间距和所在地方的纬度有关，同样两幢建筑，地处南方城市的日照间距比地处北方城市要短，另外日照间距还和所在城市的所处气候区以及城市规模有关；而消防间距与这些因素均无关，同样两幢建筑，在全国任何城市，其需要符合的消防间距是一样的。

4）日照间距只和南面建筑的高度有关，与建筑所使用的建筑材料无关；消防间距和两幢建筑的高度都有关（是否为高层建筑），而且和建筑的耐火等级有关。

4.3.3 其他间距要求

规划在考虑建筑的间距时，除了日照间距和消防间距外，住宅建筑与相邻建、构筑物的间距还应综合考虑采光、通风、管线埋设、视觉卫生、防灾等要求，在考虑各类要素的基础上统筹确定。

其中，管线埋设应满足现行国家标准《城市工程管线综合规划规范》GB 50289—2016 的有关规定。满足采光、通风、视觉、卫生等的需求，需考虑住宅建筑各房间的实际需要。

4.3.4 住宅建筑的朝向

考虑住宅建筑的朝向，主要考虑日照和通风这两个因素。日照和通风，与日照时间、太阳辐射强度、常年主导风向、地形等因素有关。因此，居住区所在地的地理纬度、地段环境、局部气候特征、建筑用地条件等因素，都会影响住宅建筑的朝向。

朝向选择需要考虑的因素有：

1）冬季能够有一定时间段并具有一定质量的阳光照到室内。

2）炎热季节尽量减少太阳直射室内和居室外墙面。

3）夏季有良好的通风，冬季避免冷风吹袭。

表 4-4 是全国部分地区的居住建筑，在综合考虑了日照、通风等要求之后的建议朝向，可供不同地区在编制居住区规划时参考。

全国部分地区建议居住建筑朝向表　　　　　　　　表 4-4

地区	最佳朝向	适宜朝向	不宜朝向
北京	正南至南偏东 30°	南偏东 45° 范围内、南偏西 35° 范围内	北偏西 35°~60°
上海	正南至南偏东 15°	南偏东 30°、南偏西 15°	北、西北
石家庄	南偏东 15°	南至南偏东 30°	西
太原	南偏东 15°	南偏东至东	西北
呼和浩特	南至南偏东、南至南偏西	东南、西南	北、西北
哈尔滨	南偏东 15°~20°	南至南偏东 15°、南至南偏西 15°	西、西北、北
长春	南偏东 30°、南偏西 10°	南偏东 25°、南偏西 10°	北、东北、西北
沈阳	南、南偏东 20°	南偏东至东、南偏西至西	东北东至西北西
济南	南、南偏东 10°~15°	南偏东 30°	西偏北 5°~10°
南京	南、南偏东 15°	南偏东 20°、南偏西 10°	西、北
合肥	南偏东 5°~15°	南偏东 5°、南偏西 5°	西
杭州	南偏东 10°~15°	南、南偏东 30°	北、西
福州	南、南偏东 5°~15°	南偏东 20° 以内	西
郑州	南偏东 15°	南偏东 25°	北、西
武汉	南、南偏西 15°	南偏东 15°	西、西北
长沙	南偏东 9° 左右	南	西、西北
广州	南偏东 15°、南偏西 5°	南偏东 22.5°、南偏西 5° 至西	
南宁	南、南偏东 15°	南偏东 15°~25°、南偏西 5°	东、西
西安	南偏东 10°	南、南偏西	西、西北
银川	南至南偏东 23°	南偏东 34°、南偏西 20°	西、北
西宁	南至南偏西 30°	南偏东 30° 至南偏西 30°	北、西北
乌鲁木齐	南偏东 40°、南偏西 30°	东南、东、西	北、西北
成都	南偏东 45° 至南偏西 15°	南偏东 45° 至东偏北 30°	西、北
昆明	南偏东 25°~50°	东至南至西	北偏东 35° 北偏西 35°
拉萨	南偏东 10° 至南偏西 15°	南偏东 15°、南偏西 10°	西、北
厦门	南偏东 5°~10°	南偏东 22.5°、南偏西 10°	南偏西 25°、西偏北 30°
重庆	南、南偏东 10°	南偏东 15°、南偏西 5°、北	东、西
旅大	南、南偏西 15°	南偏东 45° 至南偏西至西	北、西北、东北
青岛	南、南偏东 5°~15°	南偏东 15° 至南偏西 15°	西、北
桂林	南偏东 10°、南偏西 5°	南偏东 22.5°、南偏西 20°	

　　注：本表内容引自《城市规划资料集　第 7 分册　城市居住区规划》(中国建筑工业出版社，2005 年，第 64 页)。

4.4 住宅建筑的空间组织

住宅建筑的布局决定了居住区空间的形态与尺度，通过不同的组合形式，给人以不同的空间感受。宜人的空间产生积极、愉悦的空间体验；不协调的空间则会产生消极、别扭的空间体验。

4.4.1 居住空间领域的划分

在日常生活中，人们对熟悉的空间会有一种出自本能的归属与认同，即形成了领域感，而这种领域感便产生了人们在空间上的层次感。将居住空间按领域性质分出层次，形成一种由外向内、由表及里、由动到静、由公共性质向私有性质渐进的空间序列。因此，居住生活空间可划分为公共空间、半公共空间、半私密空间和私密空间四个层次。

公共空间，一般是指归属于城市空间，面向城市居民的居住区或城市外部的开放空间。它包括城市街道、广场、体育场地等。

半公共空间，一般是指由若干住宅建筑或若干住宅建筑与公共服务设施共同构筑而成，并为这些住宅建筑中的居民所共有的开放空间。它包括居住区内的街坊、公共绿地、公共服务设施的开放空间等。

半私密空间，一般是指由住宅建筑围合而成或属于住宅建筑院落的空间。它包括这些围合院落空间中的绿地、道路和停车位等。

私密空间，一般是指居民住宅的内部空间以及为住宅居民所有的户外平台、阳台和院落空间。

在居住区的设计中，对于不同层次、性质的生活空间，应仔细考量，合理安排建筑的围合程度、空间的开合尺度等。私密性强的，尺度宜小、围合感宜强、通达性宜弱；公共性强的，尺度宜大、围合感宜弱、通达性宜强。同时，应该特别注重半私密性的住宅群落的营造，以促进居民之间各种层次的邻里交往和各种形式的户外生活活动。半私密空间宜注重独立性，半公共空间宜注重开放性、通达性、吸引力、职能的多样化和部分空间的功能交叠化使用，以塑造城市生活的氛围。

4.4.2 住宅群体的基本组合方式

形成居住区空间领域必须有一个限定的空间，而限定空间最常见的方法就是建筑物之间的组合与围合。行列式、周边式和点群式是住宅群体组合的三个基本方式。此外，还有兼具上述三种组合方式的混合式以及受地形地貌、用地条件限制而形成的自由式。

　　1）行列式组合（图 4-12）：这是较为常见的一种布局方式，日照通风条件优越，建筑与管线施工方便，节省用地；但整体造型呆板，识别性较差。错接式是行列式的一种变形，造型前后错落，富有节奏感。相对于普通行列式布局，错接式的布置方式更加灵活。

　　2）周边式组合（图 4-13）：其布局具有很强的向心性，围合感强，防风防寒，便于组织绿化，形成围合式的景观中心区，利于邻里交往；但周边式的建筑布局，有可能会出现较多东西朝向的房间，转角单元空间容易形成漩涡风，噪声及干扰较大，对地形的适应性较差。

图 4-12　建筑的行列式组合

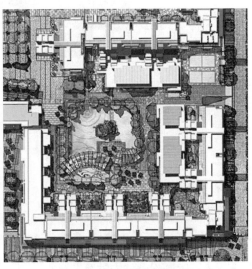

图 4-13　建筑的周边式组合

　　3）点群式组合（图 4-14）：这是点式高层住宅常用的组合方式，有良好的日照和通风条件，对地形有较好的适应性；缺点是建筑外墙面积大，太阳辐射热较大，视线干扰较大，识别性较差。

　　4）混合式组合（图 4-15）：其也称自由式组合，是当下一些大型居住区常用的组合方式，兼有行列式、周边式和点群式的组合方式。整体排布不拘一格，常能创造出更加宜人的空间尺度。在一些复杂地形，常采用混合式组合方式。

图 4-14　建筑的点群式组合

图4-15 建筑的混合式组合

◆ 【思考与练习】

1. 思考题

1）名词解释：日照间距系数。

2）列举行列式住宅群体平面组合的优缺点。

3）列举周边式住宅群体平面组合的优缺点。

4）列举点群式住宅群体平面组合的优缺点。

5）列举混合式住宅群体平面组合的优缺点。

2. 综合实训

根据本模块内容的学习，对照课程设计，给定设计要求，进行住宅建筑选型及住宅建筑布局。要求绘制住宅建筑平面图、户型图和居住区规划布局设计调整图。

模块 5　居住区配套设施规划

【学习目标】

通过对居住区内配套设施的种类及设置要求、各类配套设施的规划布局的学习，学生能够进行配套设施的设置和总体布局，掌握配套设施规划设计的基本手法与要求，并且能在居住区规划设计配套设施中灵活运用。

【学习要求】

能力目标	知识要点	权重	自测分数
了解居住区配套设施的分级配置	公共管理与公共服务设施、公交场站设施、商业服务业设施、教育体育文化设施、社区服务设施、便民服务设施	15%	
掌握居住区配套设施的种类及设置要求	各级配套设施的种类及设置要求	25%	
掌握居住区配套设施的规划布局	配套设施的布局原则、配套设施类型布局、使用者的需求布局、合理、多元、混合布局	35%	
熟悉地下空间的配套设施布局	地下空间适建设施及控制要求	25%	

【内容导读】

配套设施是居住区必不可少的组成部分，关系到居民的生活便利程度及生活品质，是满足居民小康生活的重要物质条件。《城市居住区规划设计标准》GB 50180—2018 中提到，居住区配套设施是指为居住区居民提供生活服务的各类必需的设施，应以保障民生、方便使用、有利于实现社会基本公共服务均等化为目标，统筹布局，集约节约建设。居住区各项配套设施还应坚持开放共享的原则，应综合统筹规划用地的周围条件、自身规模、用地特征等因素，并应遵循集中和分散布局兼顾、独立和混合使用并重的原则，集约节约使用土地，提高设施使用便捷性。

5.1 居住区配套设施的分级配置

为了满足居民日常生活的多种需求,居住区应设置各类相应的公共服务配套设施(即配套公建)。居住区配套设施以居住人口规模为依据进行布点配建,在维护居住区的日常管理,组织居民进行各种文化、社交活动,展现居住区精神面貌等方面发挥着重要的作用。

配套设施规划应与居住区各类专项规划同步进行,规划时一般采用集中与分散相结合的布置方法。各级配套设施应遵循配套建设、方便使用、统筹开放、兼顾发展的原则进行配置。

居住区的配套设施可以包括以下几类:公共管理与公共服务设施、交通场站设施、商业服务业设施、市政公用设施、社区服务设施、便民服务设施。根据不同服务半径的生活圈居住区类型,布置不同内容和等级的配套设施。

不同的生活圈居住区分级参见表1-2;不同生活圈的主要配套设施详见表5-1、表5-2。

十五分钟生活圈居住区、十分钟生活圈居住区主要配套设施 表5-1

配套设施分类	十五分钟生活圈居住区	十分钟生活圈居住区
公共管理与公共服务设施	初中、大型多功能运动场地、卫生服务中心(社区医院)、门诊部、养老院、老年养护院、文化活动中心(含青少年、老年活动中心)、社区服务中心(街道级)、街道办事处、司法所	小学、中型多功能运动场地
公交场站设施	公交车站	公交车站
商业服务业设施	商场、餐饮设施、银行营业网点、电信营业网点、邮政营业场所	商场、菜市场或生鲜超市、餐饮设施、银行营业网点、电信营业网点
市政公用设施	开闭所	

五分钟生活圈居住区、居住街坊主要配套设施 表5-2

配套设施分类	五分钟生活圈居住区	居住街坊
社区服务设施	社区服务站(含社区居委会、治安联防站、残疾人康复室)、文化活动站(含青少年、老年活动站)、小型多功能运动(球类)场地、室外综合健身场地(含老年户外活动场地)、幼儿园、老年人日间照料中心(托老所)、社区商业网点(超市、药店、洗衣店、美发店等)、再生资源回收点、生活垃圾收集站、公共厕所	—

续表

配套设施分类	五分钟生活圈居住区	居住街坊
便民服务设施	—	物业管理与服务、儿童老年人活动场地、室外健身器械、便利店（菜店、日杂等）、邮件和快递送达设施、生活垃圾收集点、居民机动车与非机动车停车场（库）

各级配套设施的设置原则，可参考《城市居住区规划设计标准》GB 50180—2018相关规定。

对于城市中常见规模的房地产开发项目，可参照居住街坊或五分钟生活圈居住区，安排一些小体量的便民服务设施和社区服务设施。

5.2　居住区配套设施的种类及设置要求

5.2.1　居住区配套设施种类

居住区的配套设施项目，其一般规模是根据各类设施自身的经营管理及经济合理性、安全性决定的。不同类型、规模的设施均有其自身特点，很多设施的设置要求，可参考《城市居住区规划设计标准》GB 50180—2018 以及其他相关的国家标准、行业标准及有关规定与要求。

居住区配套设施都是与居民日常生活密切相关的设施，主要包括公共管理类、公共服务类、商业服务类、交通站场类、市政公用类、社区服务类、便民服务类共七大类（表 5-3）。

居住区配套设施类别　　　　表 5-3

设施类别	典型设施
公共管理类	街道办事处、司法所
公共服务类	社区医院、文化活动中心、小学、中型多功能运动场地
商业服务类	餐饮设施、菜市场、银行营业网点、电信营业网点
交通站场类	公交车站
市政公用类	开闭所

续表

设施类别	典型设施
社区服务类	文化活动站、老年人日间照料中心、社区商业网点、公共厕所
便民服务类	室外健身器械、生活垃圾收集点、快递送达设施、居民机动车停车场

5.2.2　配套设施的设置要求

　　这些配套设施建筑，根据自身不同特性，有些需要独立设置，有些可以联合建设。从表5-4中可以看出，对用地的独立性要求较高、对外界干扰较敏感的设施（如小学、初中）应独立设置；对建筑的功能或性质类似、相互干扰不敏感的设施（如商业网点、文化活动站、停车场等），可以联合建设，以节约用地和造价，并且可以在规划中形成配套服务设施中心。

居住区配套设施建设占地

表5-4

类别	应独立占地	宜独立占地	可联合建设
公共管理与公共服务设施	初中、小学	大型多功能运动场地、中型多功能运动场地、卫生服务中心、养老院、老年养护院、派出所	体育场馆、全民健身中心、门诊部、文化活动中心、社区服务中心、街道办事处、司法所
商业服务业设施			菜市场或生鲜超市、健身房、餐饮设施、银行营业网点、电信营业网点、邮政营业场所
市政公用设施	垃圾转运站	燃料供应站、燃气调压站、供热站或热交换站、消防站	开闭所、通信机房、有线电视基站、市政燃气服务网点和应急抢修站
交通站场设施		公交车站	轨道交通站点、公交首末站、机动车及非机动车停车场
社区服务设施		小型多功能运动场地、室外综合健身场地、幼儿园、生活垃圾收集站	社区服务站、社区食堂、文化活动站、托儿所、老年人日间照料中心、社区卫生服务站、社区商业网点、再生资源回收点、公共厕所、机动车及非机动车停车场
便民服务设施		儿童老年人活动场地、生活垃圾收集点	物业管理与服务、室外健身器械、便利店、邮件和快递送达设施、居民机动车及非机动车停车场

　　居住区各项配套设施还应坚持开放共享的原则，例如中、小学的体育活动场地宜错时开放，作为居民的体育活动场地，提高公共空间的使用效率。

5.3　配套设施的规划布局

5.3.1　配套设施的布局原则

十五分钟和十分钟生活圈居住区配套设施，应依照其服务半径相对居中布局。

十五分钟生活圈居住区配套设施中，文化活动中心、社区服务中心（街道级）、街道办事处等服务设施宜联合建设并形成街道综合服务中心，其用地面积不宜小于 1hm²。

五分钟生活圈居住区配套设施中，社区服务站、文化活动站（含青少年、老年活动站）、老年人日间照料中心（托老所）、社区卫生服务站、社区商业网点等服务设施，宜集中布局、联合建设，并形成社区综合服务中心，其用地面积不宜小于 0.3hm²。

5.3.2　根据配套设施的类型布局

居住区配套设施门类齐全，有不同的类型和性质。从功能来分，有教育设施类、医疗照护类、文化体育类、商业服务类等；从是否营利来分，有公益性、营利性和两者兼有的。在规划时充分考虑各自的不同类型和特性，有助于合理布局。

1. 初中、小学、幼儿园、托儿所

这四种配套设施，都是教育设施，属于公益性的配套设施，规划时有其共性的要求。

初中是十五分钟生活圈应配置的、小学（图 5-1）是十分钟生活圈应配置的，两者都要求独立占地，但也可根据各地教育设施规划的不同要求，建设九年制学校。初中和小学的设置，应根据当地的教育设施规划作安排，对于常见规模的房地产开发项目，通常不专门设置。

幼儿园是五分钟生活圈应配置设施，宜独立占地（图 5-2）。托儿所可以考虑与其他设施联合建设。

初中的服务半径不宜大于 1000m，小学的服务半径不宜大于 500m，幼儿园和托儿所的服务半径不宜大于 300m。

教育配套设施的选址宜选用安全、方便、环境适宜的地段，可以和绿地、文化活动中心等设施相邻。幼儿园、托儿所用地的选择应有充足的阳光。选址应考虑车流、人流的合理组织，应考虑上下学时集中的人流量，减少与周边城市交通的相互干扰。小学、幼儿园、托儿所还要考虑家长接送的要求。

配套设施的建筑面积规模、用地规模以及设计要求，应符合国家相关标准。现行的

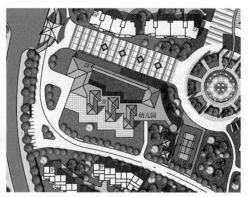

图 5-1　小学建筑效果图　　　　　　　　　图 5-2　幼儿园布局

国家标准是:《中小学校设计规范》GB 50099—2011、《托儿所、幼儿园建筑设计规范（2019 年版）》JGJ 39—2016。

另外，学校（初中和小学）的体育场地是城市体育设施的重要组成部分，应鼓励向周边居民错时开放，以节约及合理利用城市的土地资源。

在停车位紧张的城市部分地段，可以考虑改造周边学校的体育场地，增设地下停车库向市民开放。

承担城市应急避难场所的学校，还应坚持合理利用、平灾结合的原则，并符合国家相关标准的规定。

2. 卫生服务中心、卫生服务站、门诊所

这三种配套设施，都是医疗卫生设施，属于公益性的配套设施。

居住区卫生服务设施以卫生服务中心（图 5-3）为主体。在人口较多、服务半径较大、社区卫生服务中心难以覆盖的社区，可适当设置社区卫生服务站（图 5-4）或增设社区卫生服务中心。

图 5-3　卫生服务中心　　　　　　　　　　图 5-4　卫生服务站

社区卫生服务中心应布局在交通方便、环境安静地段，宜与养老院、老年养护院等设施相邻，不宜与菜市场、学校、幼儿园、公共娱乐场所、消防站、垃圾转运站等设施毗邻；其建筑面积与用地面积规模应符合国家现行有关标准的规定。

在区内位置适中、交通方便的地段，可以考虑设置门诊所。

3. 文化活动中心、文化活动站、居民运动场

这一组配套设施，都是文化体育设施，是公益性、营利性兼有的配套设施。

随着居民生活水平的提升，大众健康和文化意识不断加强，居住区文化体育设施使用人群不断扩大，已经接近全体居民，因此居住区文化体育设施应布局于方便安全、人口集中、便于群众参与活动、对生活休息干扰小的地段。图 5-5 是某文化活动中心（文化馆），属十五分钟生活圈居住区的配套设施；图 5-6 是居住区游泳池，与周边的景观绿化融为一体，这个属于街坊居住区的配套设施。

图 5-5　文化活动中心

图 5-6　居住区游泳池

在设施布局时要兼顾各个年龄段的人群需要，特别是老龄人口和少年儿童的文体活动需要。应满足老年人休闲娱乐、学习交流、康体健身（室内）等功能的要求。将"老年活动中心"职能纳入文化活动中心。图 5-7 是某老年人活动场地，开设了长者学习娱乐的培训学院；图 5-8 是某社区文化活动站，主要是面向社区的青少年。

文化体育设施需要一定的服务人口规模才能维持其运行，因此相对集中的设置既有利于多开展一些项目，又有利于设施的经营管理和土地的集约使用。在设置时还需兼顾室内外活动。

居住区文化体育设施应合理组织人流、车流，宜结合公园绿地等公共活动空间统筹布局，应避免或减少对医院、学校、幼儿园和住宅等的影响。承担城市应急避难场所的文体设施，其建设标准应符合国家相关标准的规定。

图 5-7　老年人活动场地　　　　　　　图 5-8　社区文化活动站

4. 综合超市、菜市场、金融网点、电信网点、药店、洗衣店、家政服务点等

这一类配套设施，属于商业服务业设施，是营利性的配套设施。

居住区内的商业服务业设施，规模都不大，但与全体居民的日常生活息息相关。在规划布置时，既要考虑居民使用的便利，又要考虑市场经营的规模化要求，还要考虑人流、物流的需要、对居民生活的干扰等因素。

菜市场应布局在十分钟生活圈居住区服务范围内，应在方便运输车辆进出并相对独立的地段，并应设置机动车、非机动车停车场；宜结合居住区各级综合服务中心布局，并符合环境卫生的相关要求。菜市场建筑面积宜为 $750\sim1500m^2$，生鲜超市建筑面积宜为 $2000\sim2500m^2$。

其他的商业类设施，包括综合超市、理发店、洗衣店、药店、金融网点（图 5-9）、电信网点和家政服务点等，可设置于住宅建筑底层。银行、电信、邮政营业场所宜与商业中心、各级综合服务中心结合或邻近设置。

另外，随着网购等商业方式的逐步普及，一些新的商业服务设施也要在居住区的配套设施规划中予以考虑，如快递柜（图 5-10）等设施。

图 5-9　金融网点　　　　　　　　　图 5-10　快递柜

5.3.3　根据使用者的需求布局

居住区不同年龄段的人群，有不同的生活习惯，对配套服务设施的需求和要求也不同。

老人日常设施圈：60~69 岁的老人，日常设施圈以菜市场为核心，以小型休闲绿地和商业网点为主要需求，因为要接送小孩，学校和培训机构也是其经常光顾的场所。

儿童日常设施圈：以各类学校教育设施为核心，各种少儿游戏场地、校外培训机构与这个年龄段人群有高度相关性。

上班族的日常设施圈：主要考虑周末或下班后的设施使用，围绕文体场地、超市、购物中心等形成设施圈。

5.3.4　营造合理、多元、混合的配套设施布局

社区功能的混合布局、土地的复合利用，使居住用地与其他功能的用地相互穿插、混合，既能提供土地的利用效率，又能更大限度地满足服务半径的要求，促进职住适度平衡，创建兼容并包、富有活力的社区文化。

图 5-11 是某居住区总平面图，可以看到商业服务业设施以及社区服务中心集中安排在地块的东北角沿街布置。图 5-12 是某居住区商业中心，可以看到商业服务设施集中布置。

图 5-11　某居住区总平面图

图 5-12　某居住区商业中心

066

居住区外围沿城市道路的地段，尤其是沿生活性城市道路的，通常是布置沿街商铺的较好选择。图5-13是某居住区在沿城市道路的一侧，与住宅建筑结合布置底层商铺；图5-14是在城市道路的交叉口位置布置居住区的配套设施。以上都是常用的布置方式。配套设施这样布置，解决了居住区的配套设施规划布局，满足了住区居民的生活需求。同时因为店面开向城市一侧，服务对象不止本居住区的住户，增加了客源。这种布置方式，要注意符合该地段的城市交通规划和城市设计，要组织好相应的人流、车流，安排好停车位。特别是这种在道路交叉口布置配套设施的，更应避免因此带来的车流、人流对城市道路交叉口的干扰影响。

图5-13　沿路布置配套设施　　　　图5-14　道路交叉口布置配套设施

除了集中混合布局之外，在新建居住区的开发过程中，宜按照慢行交通优先、公共交通优先、配套设施功能完善的原则，引导不同人群就近就业、上学、休闲和娱乐。

同时，宜对居住区的地下空间进行合理开发，结合城市地下空间的综合利用，统一规划、有序开发。

5.4　地下空间的配套设施布置

随着城市（特别是大城市、特大城市）人口的不断集聚，城市用地越来越紧张，城市的开发不断向地下和空中拓展。居住区在城市用地中所占的比重较高，居住区的地下空间利用在整个城市的地下空间资源利用中也占有重要地位。

由于地下空间的采光、通风不佳，识别性较差，人们的心理感受会受影响，因而居住区地下空间较多的是布置地下车库、市政公用设施（如变电站、市政管线等）、储藏室等。未来在居住区地下空间的规划利用中，可以考虑更多的方式，以及和城市地下空间利用相结合。

表 5-5 是居住区的一些公共配套设施对地下空间的适建性评价，以及相应的控制要求。

居住区地下空间适建性评价及控制要求　　　　　　　　　表 5-5

设施类别	典型设施	地下空间适建性			控制要求
		好	一般	差	
公共管理类	街道办事处	●			可结合公建服务配套在地下空间建设，结合下沉式庭院广场设置
	市政管理所	●			
	派出所	●			
公共服务类	社区医院			●	部分附属用房可建于地下
	文化活动中心	●			可结合下沉式庭院广场设置
	多功能运动场地		●		
	小学			●	操场可建地下停车库
商业服务类	餐饮设施		●		鼓励建设在地下空间，可结合下沉式庭院广场设置
	食品百货店	●			
	书店	●			
	银行营业网点	●			
	电信营业网点	●			
社区服务类	社区服务中心	●			可结合公建服务配套在地下空间建设，结合下沉式庭院广场设置
	物业管理	●			
	老年人日间照料中心			●	不宜建设在地下空间
市政服务类	变电室、路灯配电室	●			优先考虑建设在地下空间
	供热站、热交换站	●			
	开闭所	●			
	高压水泵房	●			
	公共厕所		●		可以地上地下结合设置
	生活垃圾收集点			●	

5.4.1　地下空间用于停车

随着居民生活水平的不断提高，居民的私家车保有量逐年增加，居住区的机动车停车难的问题越来越突出。北京、上海、广州等特大城市的新建居住区停车位已按照 1.5~2.0 车位 / 户的标准配置。在这种情况下，如果还是按传统做法在地面设置机动车停车位，势必会占用大量土地，影响绿地率等指标。采用建地下车库、立体车库等方式，是解决这一矛盾的有效途径。

居住区利用地下空间作为停车场地，可以打通高层建筑的地下室，可以利用中小学的操场地下空间等。图 5-15、图 5-16 是居住区利用高层住宅的地下室作为停车库的例子。地下车库的停车位按 30~35m²/ 个进行设计。

图 5-15　地下车库出入口　　　　　　　　　　图 5-16　地下集中车库

居住区利用地下空间作为停车场库，有以下优点：

（1）节约土地资源。如果居住区的机动车位配置按 1.5 个 / 户、地面停车位按 25~30m²/ 个计算，这么多停车位都设在地面，势必占据大量土地面积，挤占绿地、公共活动场地必需的空间，降低居住区的生活质量。

（2）有利于人车分流。居民的机动车进入居住区后，迅速进入地下车库，与住宅区内人群活动线路没有交集。居住区的地面交通只保留了救援消防通道和必要的服务车辆通道，日常的交通流量极少，做到了人车分流，给居民带来了安全、安静的生活环境。

（3）有利于塑造居住区景观。居住区的地面不必提供大批停车位，也没有大的车流量，便于安排居住区景观，安排游步道等设施。

5.4.2　地下空间用于公共活动

利用地下空间可以安排一些商业、健身、娱乐等公共活动。一方面可以节约宝贵的土地资源，另一方面可以减少对居住生活的干扰。图 5-17 就是利用大楼的地下室空间做游泳池。

下沉式庭院可与公共活动空间相结合，还可以利用高差营造丰富的景观。图 5-18 是把下沉式庭院与公共活动空间相结合，既解决了公共活动的场地问题，又营造了层次丰富的景观，同时下沉式的庭院还给半地下空间带来了自然的采光通风。

图 5-17   地下空间做游泳池   图 5-18   下沉式庭院与公共活动空间相结合

 【思考与练习】

1. 思考题

1）列举居住区配套设施的分级分类。

2）列举居住区配套设施的布局原则。

2. 综合实训

通过本模块内容的学习，对照课程设计，给定设计要求，进行配套设施的设置和总体布局。要求绘制居住区规划布局设计调整图。

模块 6　道路交通与停车设施

◆ 【学习目标】

通过对居住区道路功能、道路规划原则、路网规划与道路设计的学习，学生能够进行居住区道路系统的规划——分析道路功能结构、确定路网形式；拟定各级道路的宽度、断面形式、布置方式、停车设施出入口位置、停车量和停车方式。

◆ 【学习要求】

能力目标	知识要点	权重	自测分数
了解居住区道路的功能	道路交通、道路景观、街道生活、骨架和形态	20%	
掌握居住区道路规划原则	安全便捷、尺度适宜、公交优先、步行友好	25%	
掌握居住区路网规划与道路设计	交通组织、路网空间形式、居住区道路设计的要求、静态交通规划、道路交通无障碍设计	40%	
熟悉道路交通成果表达	道路系统分析、道路断面图、停车场库分布、节点详图	15%	

◆ 【内容导读】

道路是一个居住区的骨骼，它支撑了居住区的整个框架；道路也是居住区的血管，承载了居住区内的所有人流、物流。道路如何规划，还牵涉居住区内行人与汽车的关系，以及消防救援、无障碍通行等。

除了道路涉及的动态交通之外，还有关于停车的静态交通问题，即关于居住区内的停车问题，包括如何选择机动车的停车方式，如何合理地布置车位等。

6.1　居住区道路的功能

居住区道路的功能，主要体现在满足交通的通达性、营造道路景观，以及方便居民生活上。此外，道路也构成了居住区的布局框架。

1. 道路交通的通达性

居住区的道路交通和日常生活行为密切相关，具有明显的生活性特征。从交通功能分析，居住区交通类型可以分为四类：通勤交通、生活交通、服务交通、应急交通，其内容和特征见表 6-1。其中，前两类是居住区居民的主要交通需求，应保证安全、舒适、便捷；后两类应保证可达性。

居住区交通功能类型　　　　　　　　　　　　　　　　表 6-1

交通类型	典型交通内容	特征
通勤交通	上班、上学	主要、日常性、时间集中
生活交通	购物、娱乐、休闲、交往	主要、日常性、时间分散
服务交通	垃圾清运、居民搬家、货物运送、快递	非主要、经常性
应急交通	消防、救护	必要性、偶发性

从居民的出行方式看，以前居住区交通主要以步行和自行车为主，但随着居民家庭收入的逐步提高，以及城市化发展和城市面积的扩大，家庭小汽车普及率不断提升，自行车类的交通方式会减少，汽车出行方式会增加。

居住区道路交通的通达性及安全性，主要包括以下方面：

1）上下班（学）交通的可达性。

2）公共站点的位置和距离。

3）购物交通的便捷。

4）停车场（库）的位置和大小。

5）消防、救护、救灾的通道。

6）人车分离或人车混行的组织模式。

2. 创造道路景观

居住区道路作为室外空间的重要组成部分，是居住区景观构成的重要因素。

居住区道路景观主要考虑道路线形、路面铺砌、沿路绿化、景观小品等要素。这些道路景观要素和人、车的活动，共同构成了居住区生活生动、丰富的景观特质。优美的道路景观本身就是居住区景观要素的一个组成部分。因此，在居住区的道路交通规划时，也应该兼顾景观的要求（图 6-1）。

3. 形成街道生活

居住区道路两侧，通常会配置公共服务设施，是居民使用频率较高的场所。居住区居民的通行、交往、休闲生活等活动，都可以依托街道而发生。因此，在居住区的道路交通规划时，还应该兼顾居民生活的要求（图6-2）。

图6-1　道路景观　　　　　　　　　　　　　　图6-2　街道生活

4. 搭建居住区的骨架和形态

居住区的路网，尤其是主次干道，基本上决定了居住区的规划格局和构图方式。居住区各类居住建筑、公共建筑、场地、绿地的分区和联系，都是由各级道路来完成的，道路的间距、走向等要素，确立了居住区的骨架和形态。另外，道路的线形（如网格式、自由式等形式）、宽度等，也会对居住区的风格产生影响（图6-3）。

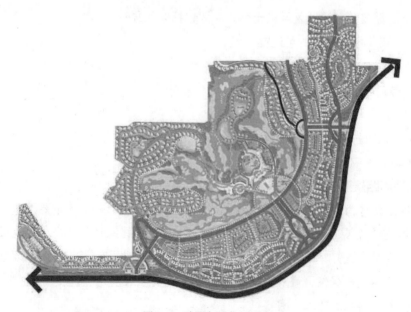

图6-3　路网与居住区形态

6.2　居住区道路规划原则

道路系统规划是居住区规划的重要一环，它不仅是居住区内部各要素联系的纽带，更是城市道路的延续，与居民的日常生活息息相关。道路系统也是居住区的骨架，构架出居住区的基本结构。居住区道路布置应做到通而不畅，避免往返迂回或断头路的出现；部分路段应满足消防车、救护车及垃圾清运货车等大型车辆通过的要求；并且能较好地划分和联系居住区内的各类用地。

在规划居住区的道路网时，应遵循以下规划原则：

1. 居住区道路应保证安全、便捷、通达

居住区道路是城市道路交通系统的组成部分，也是承载城市生活的主要公共空间。在规划居住区道路时，应当保证安全、便捷、通达。区内道路还应做到"通而不畅"，避免不相干的车流、人流穿行居住区。

在条件允许时，可以考虑采用人车分离的交通组织方式，同时使居民进入小区后能够方便快捷地到达住宅楼。

2. 各级道路的密度和尺度应适宜

居住区应采取"小街区、密路网"的交通组织方式，路网密度不应小于 8km/km²；居住区内的道路间距不应超过 300m，居住街坊的道路间距宜为 150~250m，并应与居住街坊的布局相结合。

居住区内的各级道路应采取尺度适宜的道路断面形式，优先保证步行和非机动车的出行安全、便利和舒适，形成宜人宜居的街道空间（图 6-4）。

3. 居民出行方式公交优先，有利于自行车出行

居住区道路的规划建设应体现以人为本，绿色交通，提倡居民以自行车或公交出行。综合考虑城市交通系统特征和交通设施发展水平，满足城市交通通行的需要，融入

图 6-4　宜人的街巷空间

城市交通网络。在适宜自行车骑行的地区，应构建安全、连续的非机动车道（图 6–5）。

4. 居住区内的道路设置应适合居民步行

居住区内的步行系统应连续、安全，并采用无障碍设计，符合现行国家标准《无障碍设计规范》GB 50763—2012 的相关规定。步行道路应连通城市街道、室外活动场所、停车场所、各类建筑出入口和公共交通站点。道路铺装应充分考虑轮椅顺畅通行，选择坚实、牢固、防滑、防摔的材质。

图 6–6 就是在楼道口采用了无障碍通道的设计，便于老年人和残障人士的轮椅、婴幼儿代步车、货物搬运车等的通行。

图 6-5　小区内的自行车道　　　　图 6-6　楼道口的无障碍通道

6.3　路网规划与道路设计

6.3.1　交通组织

根据居住区道路规划原则，组织居住区的人车交通，主要有三种形式：人车混行、人车分流和人车部分分流。

1. 人车混行

人车混行（图 6–7）方式是指机动车、非机动车、人行共同使用同一套路网系统。这种方式能有效使用土地，工程造价不高，但车辆与行人之间会有干扰，存在一定的安全隐患。

2. 人车分流

为适应大量私家车进入人们生活的发展趋势，越来越多的居住区采用"人车分流"的交通组织方式，机动车在进入小区入口后与人行不在同一条流线上通行，避免了机动

图例
■■ 城市道路
▬▬ 小区道路
▬▬ 景观步道

图 6-7　人车混行路网系统

车对居民活动的干扰，保证了小区内部居住环境的安全与安静。

在实现了人车分流的同时，为了保证大量机动车的停放，以及居民停车后更加方便地进入住宅楼，通常会考虑采用集中设置地下车库。

图 6-8 的人车分流路网系统就是由外围的交通环路，枝状伸入小区的地下停车库，内部的绿色休闲活动环带与小区的绿地融合相连。这样就形成了外围机动车通行、内部人流通行的人车分流道路系统。

图 6-8　人车分流路网系统

3. 人车部分分流

在人车混行道路系统的基础上，为了既减少大规模的工程量，又满足局部的人车分流，有时也是为了适应特殊的地形（如台地式地形），会考虑采用部分的人车分流形式。人流和车流的干扰，有时采用道路断面的处理方式，有时局部地段采用立体交叉来避免。图 6-9 是一种人车部分分流的路网系统。

图例
|||||||▶ 城市道路
|◼◼◼▶ 居住区道路
◻◻◻ 宅间道路
||||||| 商业步行街
◦◦◦◦◦ 休闲步行道

图 6-9　人车部分分流路网系统

6.3.2　居住区路网规划

根据居住区所在的区位，综合考虑城市道路交通、居住区规划格局、内部交通的组织方式、地形等因素，居住区的路网空间形式有内环式、环通式、尽端式、格网式、自由式、混合式等多种形式。

内环式：适于布置在场地较大、地形较平整、交通量较大的居住地块，并且可利用环状道路，形成分区，也可以围合成场地中心，构建公建中心或中心绿地（图 6-10）。

环通式：区内道路直接与居住区的出入口连通，布置灵活，适合布置在公共 – 半公共过渡性质的场地。

尽端式：区内各流线相对独立，可以避免流线混杂、相互干扰。通常用于交通量较小、地形起伏较大的场地，或者建筑布置要求相对独立、分散的场地。尽端式道路需设置回车场。

格网式：一般用于大规模群体建筑场地，适合交通量大、灵活性大的大型居住区。

自由式：通常用在山地居住区，或者地块形状不规则的，或者地块内有较多水面等情况，可以结合地形布置路网（图 6-11）。

混合式：几种布置形式混合，灵活性大（图 6-12）。

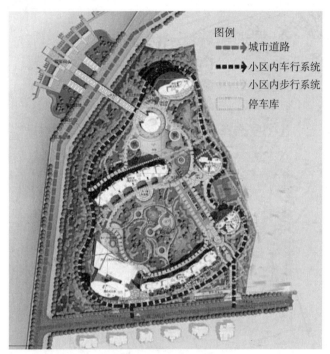

图 6-10　内环式路网规划

图 6-11　自由式路网规划

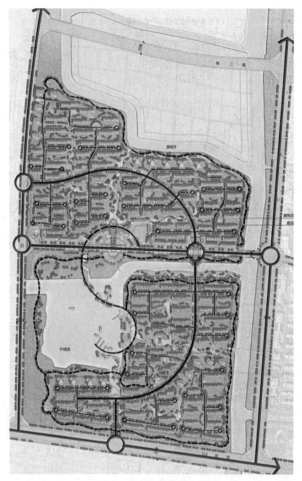

图 6-12　混合式路网规划

6.3.3　居住区道路设计的要求

1. 主要道路出入口

1）居住区内的主要道路，至少应有两个方向与周边的城市道路相连通。这两个出入口之间的间距不应该小于 150m。

2）居住区内的主要道路（指道路红线宽度大于 10m 的车行道）与城市道路相交时，其交角不宜小于 75°。

2. 道路宽度

居住区道路宽度的确定，主要考虑几方面因素：车行（包括机动车和非机动车）及人行的必要宽度，两侧配套设施所需的空间尺度，沿路布置的管线、绿化、设施所需的必要空间。

居住区道路在设计时，优先保证步行和非机动车的出行安全、便利和舒适，采取尺度适宜的道路断面形式，形成宜人宜居、步行友好的城市街道。两侧集中布局了配套设施的道路，应形成尺度宜人的生活性街道；道路两侧建筑退线距离，应与街道尺度相协调。

道路红线宽度的组成包括：通行机动车、非机动车和行人交通所需的道路宽度，铺设地下、地上工程管线和城市公共设施所需增加的宽度，种植行道树所需的宽度。

图 6-13 的两个道路断面，在设计时考虑到了机动车、行人、非机动车等所需空间，同时充分考虑了道路两侧的景观、商业设施等要素，以及自然地形的山形和水体，共同构建了优美宜人的居住区景观。

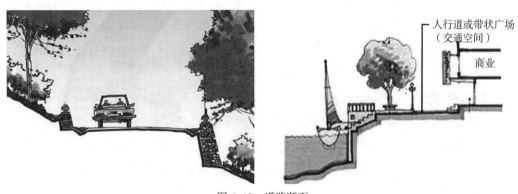

图 6-13　道路断面

居住街坊内的附属道路宽度，要保证消防、救灾、疏散等车辆通达的需要。如果作为消防车道设置，则必须满足国家标准《建筑设计防火规范（2018 年版）》GB 50016—2014 中对消防车道的净宽度要求，车道净宽度和净空高度均不得小于 4.0m。主要附属道路一般按一条自行车道和一条人行带双向计算，路面宽度为 4.0m，这样也能满足作为消防通道的要求。

进出住宅的最末一级道路，平时主要供居民出入，基本以自行车及人行交通为主，并要满足清运垃圾、救护和搬运家具等需要，其路面宽度一般为 2.5~3.0m。为兼顾必要时大货车、消防车的通行，其他附属道路路面两边应各留出宽度不小于 1m 的路肩。

游步道的道路断面尺寸，主要考虑步行的需要，并兼顾轮椅通行的必要尺寸，同时也需考虑景观设计的效果，不宜过宽。

3. 道路边缘至建筑物距离

居住区道路边缘至建筑物、构筑物的最小距离，应符合表 6-2 的规定。表中所指的道路边缘对于城市道路是指道路红线；附属道路分两种情况：道路断面设有人行道时，指人行道的外边线；道路断面未设人行道时，指路面边线。

居住区道路边缘至建筑物、构筑物最小距离   表 6-2

与建（构）筑物关系		城市道路（m）	附属道路（m）
建筑物面向道路	无出入口	3.0	2.0
	有出入口	5.0	2.5
建筑物山墙面向道路		2.0	1.5
围墙面向道路		1.5	1.5

道路边缘至建筑物、构筑物之间应保持一定距离，主要是考虑在建筑底层开窗开门和行人出入时不影响道路的通行及行人的安全，以防楼上掉下物品伤人，同时应有利设置地下管线、地面绿化及减少对底层住户的视线干扰等因素。对于面向城市道路开设了出入口的住宅建筑应保持相对较宽的间距，从而使居民进出建筑物时可以有个缓冲地段，并可在门口临时停放车辆时保障道路的正常交通。

4. 道路坡度

机动车道、非机动车道、步行道，都应该满足相应的道路纵坡要求，这主要是从道路通行的方便和安全来考虑的。因此，道路有最大纵坡的限制。另外，道路应考虑路面排水，过小的纵坡容易形成路面积水。因此，道路还有最小纵坡的限制。居住区附属道路纵坡控制指标见表 6-3。

居住区附属道路纵坡控制指标   表 6-3

道路类型	最小纵坡	最大纵坡及允许坡长	
		一般地区	积雪或冰冻地区
机动车道	$i \geqslant 0.3\%$	$i \leqslant 8.0\%$ 且 $L \leqslant 200m$	$i \leqslant 5.0\%$ 且 $L \leqslant 600m$
非机动车道	$i \geqslant 0.3\%$	$i \leqslant 3.0\%$ 且 $L \leqslant 50m$	$i \leqslant 2.0\%$ 且 $L \leqslant 100m$
步行道	$i \geqslant 0.5\%$	$i \leqslant 8.0\%$	$i \leqslant 4.0\%$

注：1. 表中 i 为坡度，L 为坡长。
　　2. 数据来源：《城市规划资料集 第 7 分册 城市居住区规划》，中国建筑工业出版社，2005 年。

表 6-3 中，机动车的最大纵坡值 8% 是附属道路允许的最大数值，如地形允许，要尽量采用更平缓的纵坡。山区由于地形等实际情况的限制，确实无法满足表中的纵坡要求时，经技术经济论证可适当增加最大纵坡，在保证道路通达的前提下，尽可能保证道路坡度的舒适性。非机动车道的最大纵坡应根据非机动车交通的要求确定。对于机动车与非机动车混行的路段，应首先保证非机动车出行的便利，纵坡宜按非机动车道要求，或分段按非机动车道要求控制。机动车道和非机动车道的最大纵坡达到表中控制的最大

值时，坡长应同时控制。

当居住区的用地坡度大于最大纵坡所限时，车行道可以采用盘山路等形式，减小坡度；步行道可以采用梯步来解决。

5. 回车场

居住区内道路若形成尽端路，其长度不宜超过 120m，在尽端处应设置 12m×12m 的回车场地。回车场地可以结合绿地设计，使居住区的景观更丰富（图 6-14）。

图 6-14　结合景观设计的道路回车场

6. 消防车道及消防登高场地

居住区内应保证消防车道畅通，以确保在火灾时消防人员能够及时实施营救，被困人员能够迅速疏散（图 6-15）。

图 6-15　消防车道与消防登高场地

消防车道可以利用居住区道路，但应满足消防车通行、转弯、停靠的要求。

规划设置消防车道，应符合以下要求：

1）车道的净宽度和净高度均不应小于 4.0m。

2）车道的转弯半径应符合消防车转弯的要求。

3）消防车道和建筑物之间不应有妨碍消防车操作的树木、架空管线等障碍物。

4）消防车道外缘距建筑物外墙不宜小于 5m。

高层住宅楼应设置消防登高场地。场地内不得规划设置建（构）筑物、停车位、乔灌木等，以及不能设置架空管线，避免影响消防车高空作业（图 6-15）。

消防登高场地的长度和宽度不应小于 15m 和 10m。对于建筑高度大于 50m 的建筑，场地的长度和宽度不应小于 20m 和 10m。

消防登高场地应当和消防车道连通。场地边缘和建筑物外墙的距离应在 5~10m。

6.3.4 居住区静态交通规划

居住区的静态交通规划，主要是指居住区内的停车设施规划。随着人们物质生活水平的不断提高，城镇居民人均车辆拥有率也逐年增长。静态交通规划也日益成为居住区规划的重要组成部分。

停车场地既要方便居民的使用，也要避免对居民日常起居生活的干扰。另外，为了节约土地以及减少对地面环境的污染，应安排地下空间停车，或安排一部分建筑底层作架空层，便于居民停车。

新建居住区，地面停车位数量不宜超过住宅总套数的10%。并且，地上停车位应优先考虑设置多层停车库或机械式停车设施，减少土地占用。

1. 机动车车型尺寸

机动车标准车型尺寸及安全距离见表6-4。

机动车标准车型尺寸及安全距离（m）　　　　　　表6-4

车型	各类车型外廓尺寸			车辆安全距离					
	总长	总宽	总高	纵向净距	横向净距	车尾间距	构筑物纵向距离	构筑物横向距离	净高
微型汽车	3.2	1.6	1.8	2.0	1.0	1.0	0.5	1.0	2.2
小型汽车	5.0	1.8	1.6	2.0	1.0	1.0	0.5	1.0	2.2
中型汽车	8.7	2.5	4.0	4.0	1.0	1.5	0.5	1.0	3.0
大型汽车	12.0	2.5	4.0	4.0	1.0	1.5	0.5	1.0	3.0
铰接车	18.0	2.5	4.0	4.0	1.0	1.5	0.5	1.0	3.0

注：数据来源：《城市规划资料集 第7分册 城市居住区规划》，中国建筑工业出版社，2005年。

2. 地面停车方式

按照停车时车身与通道的夹角，小型车停车方式可分为：垂直式、斜角式、平行式三种（图6-16），停车位标线尺寸宜不小于2.5m×6.0m。

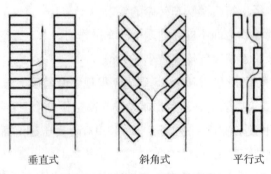

垂直式　　　　斜角式　　　　平行式

图6-16 小型车的三种停车方式

垂直式停车：车身方向与通道垂直，可以从两个方向进、出车，停放较方便，在几个停车方式中所占面积最小，但转弯半径要求较大，行车通道较宽。若地块充裕，一般中间车道设置为7m。这种停车方式的平均停车面积最小。

斜角式停车：停车时进、出车较方便，所需转弯半径较小，相应通道宽度面积较小，但进、出车只能沿一个固定方向，且停车位前后空置了三角形面积，因而每辆车占用的面积较大。这种停车方式的车辆出入方便，有利于快速停车和疏散。

平行式停车：车身方向与通道一致，车辆进、出车位更方便、安全，是路边停车带和狭长地段停车的常用方式。其特点是停车带和通道的宽度最小，但每个车位的停车面积最大。

地面机动车停车场用地面积，宜按每个停车位25~30m^{2}计；停车楼（库）的建筑面积，宜按每个停车位30~40m^{2}计。

3. 地下停车方式

地下停车方式是居住区重要的停车方式，能高效地利用空间，节约土地，同时也能减少对居住区环境的不利影响。尤其是对于高层住宅小区，可以结合高层建筑的基础和地下室进行设计和施工。

地下车库机动车停车位的计算，由于要考虑车行道、柱子等占用的空间，一般按每个车位30~35m^{2}面积计算车位数。

地下机动车库的出入口数量应根据车库停车数量设置，大于100个车位的车库必须设置大于等于2个出入口；大于等于25个车位的车库，每个出入口都必须设置大于等于2个车道，双车道宽度不应小于7m。图6-17为居住区地下车库入口。

图 6-17 居住区地下车库入口

6.3.5 居住区道路交通的无障碍设计

居住区内的步行系统应连续、安全，采用无障碍设计，符合现行国家标准《无障碍设计规范》GB 50763—2012 中的相关规定，并连通城市街道、室外活动场所、停车场所、各类建筑出入口和公共交通站点。道路铺装应充分考虑轮椅顺畅通行，选择坚实、牢固、防滑、防摔的材质。

在适宜自行车骑行的地区，应构建连续的、安全的非机动车道。从地理和气候等因素考虑，除了山地及现行国家标准《建筑气候区划标准》GB 50178—1993 中规定的严寒地区以外的城市，均适宜发展非机动车交通。

6.4 道路交通的成果表达

居住区道路交通规划的成果，主要通过道路系统分析、道路断面图、停车场库分布、节点详图等图纸加以表达，以说明居住区道路交通的体系及相关要素的构成。

图 6-18 是某居住区道路系统分析图，用不同的图例将居住区的主次入口、机动车流线、商业人流线、机动车库入口、自行车库入口等予以表示。

 【思考与练习】

1. 思考题

1）列举居住区道路的功能。

2）规划居住区的道路网应遵循哪些原则？

3）列举居住区的路网空间形式。

4）地下停车有哪些优点？

2. 综合实训

1）通过本模块内容的学习，对照课程设计，给定设计要求，进行居住区道路设计及停车场（库）规划。在居住区规划图上进行道路系统的优化和完善，以及停车设施的规划，同时对居住区的用地、机构、建筑、绿地等内容进行适当的调整。

2）要求绘制道路系统分析、道路断面图、停车场库分布图、节点详图。

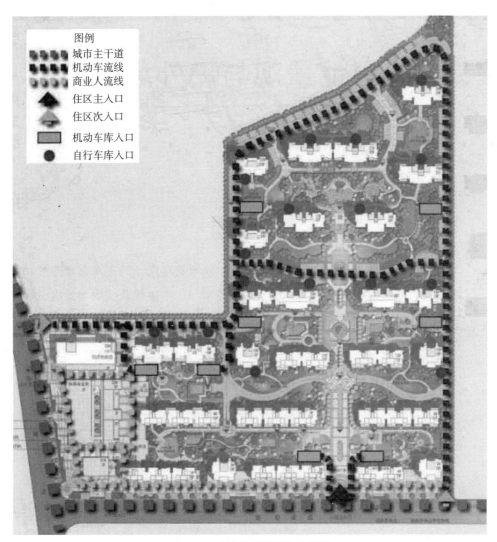

图 6-18　居住区道路系统分析图

模块 7　绿地景观与户外场地

 【学习目标】

　　通过对居住区绿地分级与规划指标、绿地景观设计的基本布置形式和基本手法、户外场地和景观小品的规划布置的学习，学生能掌握绿地景观设计的内容和方法，能够进行居住区绿地景观的设计——绘制绿地景观分析图、设计景观节点。

 【学习要求】

能力目标	知识要点	权重	自测分数
掌握绿地分级与规划指标	公共绿地与街坊绿地、绿地规划指标	20%	
掌握绿地景观设计的要求与基本手法	绿地的基本布置形式、景观设计的基本手法	30%	
掌握户外场地与景观小品的规划布置	户外场地规划布置、景观小品规划布置	20%	
熟悉绿地景观的成果表达	居住区的绿地布置或景观分析图、景观节点表现图	30%	

【内容导读】

　　居住区绿地系统是城市整体绿地系统的重要组成部分，是改善城市及居住区生态环境的重要环节，也是城市居民休憩、健身和交流的主要室外活动空间，是衡量居住区整体环境质量与品位的重要依据。近年来，随着城市居民生活水平的提高，除了舒适整洁的内部家居环境，人们愈来愈追求居住区环境的"园林化"，渴望一个自然和谐、富有生机的绿色家园。良好的居住环境逐渐成为人们日常生活的第一要素，成为居民日常生活中不可缺少的一项内容。

7.1　绿地分级与规划指标

7.1.1　公共绿地与街坊绿地

居住区绿地的规划配置，根据其设置规模和服务半径的不同，进行分级。其包括：居住区绿地，即为各级生活圈居住区配建的公园绿地、街头小广场，以及街坊绿地。

居住区绿地（图 7-1）是指为居住区配套建设、可供居民游憩或开展体育活动的公园绿地，包括为各级生活圈居住区配建的各类公园绿地、街头小广场，不包括城市级的大型公园绿地及广场用地。

街坊绿地（图 7-2）是指为街坊配建的绿地，其服务半径较小、绿地规模也较小。街坊绿地可分为中心绿地和宅间绿地，中心绿地指各级生活圈及居住街坊内集中设置的、具有一定规模并能开展体育活动的绿地。

图 7-1　居住区绿地

图 7-2　街坊绿地

7.1.2　绿地规划指标

各级各类绿地，共同组成了居住区的绿地系统。在居住区规划中，应遵循相应的规划指标。

1. 公共绿地控制指标

新建的各级生活圈居住区，应配套规划建设公共绿地，并应集中设置具有一定规模的且能开展休闲、体育活动的居住区公园。公共绿地控制指标应符合表 7-1 的规定。各级生活圈居住区的公共绿地应分级集中设置一定面积的居住区公园，形成集中与分散相结合的绿地系统，创造居住区内大小结合、层次丰富的公共活动空间。在居住区公园中还应设置休闲娱乐和体育活动等设施（占地10%~15%），以满足居民不同的日常活动需要。

公共绿地控制指标 表7-1

类别	人均公共绿地面积（m²/人）	居住区公园		备注
		最小规模（hm²）	最小宽度（m）	
十五分钟生活圈居住区	2.0	5.0	80	不含十分钟生活圈及以下级居住区的公共绿地指标
十分钟生活圈居住区	1.0	1.0	50	不含五分钟生活圈及以下级居住区的公共绿地指标
五分钟生活圈居住区	1.0	0.4	30	不含街坊绿地指标

注：居住区公园中应设置10%~15%的体育活动场地。

表7-1中，十五分钟生活圈居住区按2.0m²/人设置公共绿地（不含10分钟生活圈及以下级居住区公共绿地指标）、十分钟生活圈居住区按1.0m²/人设置公共绿地（不含5分钟生活圈及以下级居住区公共绿地指标）、五分钟生活圈居住区按1.0m²/人设置公共绿地（不含居住街坊绿地指标）。这对集中设置的公园绿地规模提出了控制要求，以利于形成点、线、面结合的城市绿地系统，同时能够发挥更好的生态效应，并有利于设置体育活动场地，为居民提供休憩、运动、交往的公共空间。同时，体育设施与该类公园绿地的结合较好地体现了土地混合、集约利用的发展要求。

对于旧居住区改造，当人口密集、用地紧张，确实无法满足表7-1的控制指标时，可酌情降低人均公共绿地面积标准，但不应低于相应指标的70%。

2. 街坊绿地控制指标

居住街坊内的绿地应结合住宅建筑布局设置集中绿地和宅旁绿地；居住街坊内集中绿地的规划建设，应符合表7-2的规定，各指标不应低于表中的控制指标。

另外，在标准的建筑日照阴影线范围之外的绿地面积不应少于1/3，其中应设置老年人、儿童的活动场地。

居住街坊绿地控制指标 表7-2

控制指标	新区	旧区
人均绿地面积（m²/人）	0.50	0.35
绿地宽度（m）	8.0	

7.2　绿地景观设计的要求与基本手法

公共绿地是居住区绿地系统的主体，应该包括一定规模的公园、小游园、组团绿地以及带状绿地等。绿地系统还包括宅旁绿地、公共服务设施专用绿地和道路绿地等非公共绿地，此外还包括区内生态、防护绿地。

7.2.1　绿地的基本布置形式

居住区绿地作为城市绿地系统的一部分，其功能与城市公园绿地不完全相同，要求设计应有一定的艺术效果，常采用"点、线、面"相结合、三位一体的设计手法。以居住区的中心绿地为核心，以居住区内道路绿化带为"线"将分散在居住区各处的宅旁绿地及组团绿地（"点"）串联，形成一个有机的整体。

居住区绿地布置形式形式多样，布局灵活。一般有三种基本形式：规则式、自由式以及规则与自然相结合的混合式。

1. 规则式

规则式绿地（图 7-3），布置形式较为规则严整，多以轴线组织景物，布局对称均衡，园路多用直线或几何规则线型，各构成因素均采取规则几何型和图案型。如树丛绿篱修剪整齐，水池、花坛均用几何形，花坛内种植也常用几何图案，重点大型花坛布置成富丽图案，在道路交叉点或构图中心布置雕塑、喷泉、叠水等观赏性较强的点缀小品。这种规则式布局适用于平地。

2. 自由式

自由式绿地（图 7-4），以效仿自然景观见长，各种构成因素多采用曲折自然式，不求对称规整，但求自然生动。这种自由式布局适于地形变化较大的用地，在山丘、溪流、池沼之上配以树木草坪，种植有疏有密，空间有开有合，道路曲折自然，亭台、廊桥、池湖点缀其间，多设于人们游兴正浓或余兴小憩之处，与人们的心理相感应，自然惬意。自由式布局还可以运用我国传统的造园手法，以取得较好的艺术效果。

3. 混合式

混合式绿地（图 7-5），是规则式与自由式相结合的形式，运用混合式布局手法，既能和四周环境相协

图 7-3　规则式绿地

图 7-4　自由式绿地

图 7-5　混合式绿地

调，又能在整体上产生韵律和节奏，对地形和位置适应灵活。

7.2.2　景观设计的基本手法

居住区的景观规划，应根据居住区的规模、建筑分布、地形地貌、水文情况等因素，从平面布置和空间设计两方面着手，通过合理的空间各要素组织，综合运用植被、水体、建筑、地形等元素，进行有机地组合，从而构成居住区优美的景观。景观设计的常用手法如下：

1. 运用轴线或视线焦点

轴线、几条轴线的交点、轴线的端点，这些位置具有较强的表现力，容易被人们关注。景观设计时，充分利用这些轴线，并且用植被、水景、雕塑、地面铺装、地形处理等手法，不断强化这种效果（图 7-6）。

2. 对景与借景

对景与借景，都是园林景观设计的手法。对景就是在景观要素的布局安排中，视线终点设置一定的景物作为观赏对象。有时候在设置对景时，由甲处观赏乙处的风景，同时又可以从乙处观赏甲处的风景，形成对景。图 7-6 在景观轴线的端点设置了一处喷泉

图 7-6　景观的轴线设计

图 7-7　海景房的借景

水景雕塑，也是一种对景的处理手法。

借景是古典园林设计中常用的一种手法，明代造园家计成十分推崇这种手法，在他的著作《园冶》中特别强调"借景"，认为这是造园手法之最，要"巧于因借""俗则摒之，嘉则收之"。一些房产楼盘，凭山借水，形成所谓的山景房、海景房，其实就是用了借景的手法，把地块外的山水景观，借来作为居住区的一个景观元素（图7-7）。

3. 景观元素的节奏与韵律

在景观设计中，相同的元素（如乔木、建筑构件、景观小品等）不断有规律地重复出现，成阵列布置，形成节奏与韵律，这能够使景观效果得以强化（图7-8）。

运用节奏和韵律的设计手法，可以是单个的景观元素重复出现，例如雕塑小品、灌木球、喷泉的泉眼、柱廊等；也可以是几个景观元素组合成一组，例如雕塑小品和灌木球的组合等。

数个景观元素的排列，可以是沿着一条直线（图7-8），也可以是沿着曲线（图7-9，一排灌木球沿着曲线的花坛排列），手法不一而足。

4. 运用不同材质、不同标高

在景观设计中利用石材、植被等不同材质的差异，以及不同地面标高的差异，表现出不同的质感、肌理构成，或者形成不同的场所围合（图7-9）。

图7-8　景观元素阵列布置　　　　　　　图7-9　不同标高及材质形成的场所效果

5. 运用不同季节的不同景观

园林景观不仅是一种空间的艺术，也可以认为是一种时间的艺术创造。由于景观的主要构成要素——植物，因不同的季节有不同的季相，并且自身也因为开花结果不同的时段而呈现不同的外貌，再加上春夏秋冬、阴晴雨雪，会带来不同的景观背景。因此，运用四季不同的景象，会给居住区的景观规划带来意想不到的效果。

图7-10和图7-11是某居住区的一处景观湖，在夏天和冬天呈现不同的景观。夏天的湖景是蔚蓝的天空下，明丽的水面；冬天的湖景则是岸上处处积雪，水中点点残荷，一幅严冬的景色。

图 7-10　夏天的湖景　　　　　　　　图 7-11　冬天的湖景

7.3　户外场地与景观小品

居住区规划要营建一个居民生活休闲的宜居场所，这个宜居性不仅体现在居民住宅建筑的舒适度，也不仅体现在居住区规划安排的超市便利店或者文化活动室，还体现在户外场地的舒适度和丰富性。

户外场地和景观小品，构成了居住区景观规划的物质要素，主要包括各种休闲场地、休闲设施、园林小品、植物配置等（图 7-12~ 图 7-15）。

这些户外场地和景观小品，主要供居民日常休闲和娱乐交往使用，可以是较集中的一块空地，也可以和配套设施及道路结合布置；可以是硬质铺装，也可与植被结合。设计手法应多种多样、灵活多变，并且应因地制宜。

图 7-12　休闲长廊　　　　　　　　　图 7-13　雕塑与木桥

图 7-14　水景　　　　　　　　　　　图 7-15　植物配置

7.4　绿地景观的成果表达

居住区绿地景观规划的成果，主要包括两种图纸，一种是居住区的绿地布置或景观分析图，从居住区的整体角度进行分析和说明；另一种是景观节点的表现图，通过节点详图、局部效果图等来表达。

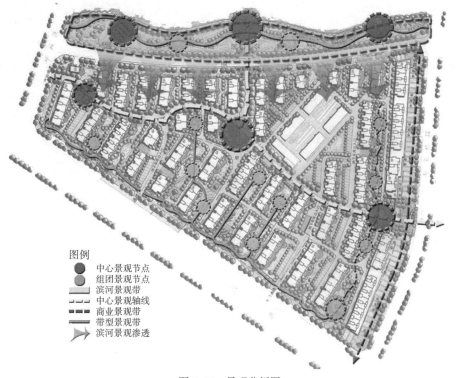

图 7-16　景观分析图

　　图 7-16 是某居住区的景观分析图，对区内的中心景观节点、组团景观节点以及滨河景观带的分布进行分析，并分析了景观带的形成，阐释了该居住区在景观规划中，如何利用景观要素的空间分布，结合外部的滨河公园，形成整个居住区点、线、面结合的景观设计。

　　从分析图可以看出，该居住区在规划中，充分利用了地块北侧的自然河流景观，作为滨河景观带的景观渗透；在地块内部营建人造景观，打造了一条中心景观轴线，并以这条景观轴线连接居住区的各个出口；在地块的其他区域，结合步行道路打造了一条带状景观带，使整个居住地块处处有景可看，不留死角。除了打造这些带状景观要素之外，规划还营建了一系列大大小小景观节点，并通过带状景观轴线串联起来，构成一个点、线、面结合的景观系统。

　　图 7-17 是针对这些景观要素节点的效果图表现。从效果图中我们可以看到设计师在处理这些景观节点时，运用植物、铺装、水景、小品各种要素，综合了各种设计手法。

图 7-17　景观要素节点效果图

　　运用植物要素，可以利用乔木、灌木、草坪在高度上的不同效果；可以利用不同植物赏花、赏叶、赏果的不同效果；也可以利用植物在不同季节呈现的不同季相，创造丰富多彩的景观效果。

　　运用不同建材的地面铺装，包括石材、木材、卵石、草皮、青砖、砂石等，可以呈现完全不同的景观氛围。在地形上通过不同的高差，结合不同的材质，创造丰富多彩的铺地景观效果。

水景同样是景观中常用的造景元素。大水面、小水面、跌水、喷泉、瀑布、静水，各种水景，都是居住区景观设计中常用的造景方式。

图 7-18 是某居住区中心景观节点详图，从中可以看到景观小品、植物配置、建筑物、构筑物之间的搭配，以及和地面标高之间的完美过渡。

从图中我们也可以认识到，居住区造景绝不是孤立地看待景观，而是把景观和建筑、道路结合起来考虑，形成一个立体的、系统的有机整体。

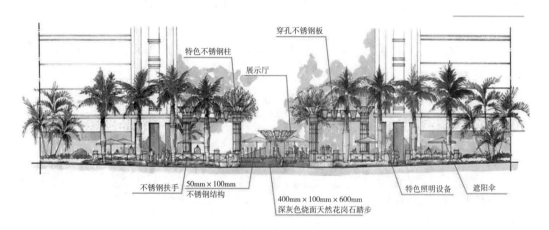

图 7-18　景观节点详图

【思考与练习】

1. 思考题

1）居住街坊内的绿地包括哪两类？

2）列举居住区绿地布置基本形式。

3）列举居住区景观设计的基本手法。

4）简述居住区绿化的树种选择和植物配置应考虑的主要因素。

2. 综合实训

通过本模块内容的学习，对照课程设计，给定设计要求，进行绿地景观设计。要求绘制居住区规划布局设计调整图、绿地景观分析图、景观节点详图。

模块 8　竖向规划

◆ 【学习目标】

通过竖向规划的学习，学生能够运用竖向设计的原理和方法，进行居住区规划的竖向工程设计。

◆ 【学习要求】

能力目标	知识要点	权重	自测分数
了解竖向规划的要求	地形分析、考虑因素、基本任务	20%	
掌握地形设计与建筑布置	地面的形式、建筑布置的原则、建筑的标高	30%	
掌握道路、场地和景观的竖向规划	道路的坡度、场地的坡度、地形对塑造景观的作用	35%	
了解土石方工程量计算	方格网计算法、横断面计算法	15%	

◆ 【内容导读】

居住区竖向规划，即对居住区地块在铅垂方向上的规划设计，是在分析修建地段地形条件的基础上，对原有地形进行利用和改造，使之符合使用要求，适宜建筑布置及场地排水，达到功能合理、技术可行、造价经济以及景观优美的规划目的。居住区地块的竖向规划，涉及地块的地形、场地的排水，建筑、道路、场地、绿地等的地面设计标高，还应考虑工程的土方量。

8.1　竖向规划的要求

8.1.1　地形分析

对地块的地形进行分析，包括地面高程、等高线、坡度、坡向、地形特征、脊线（分水线）和谷线（汇水线）、制高点等内容。

1. 地面高程

地面高程指的是地面某点沿铅垂线方向到海平面的距离，称为绝对高程，又称为海拔。由于海水的涨落，各海域不同时日的海平面是不同的，我国各城市采用的高程主要有两个系统：黄海高程和吴淞高程。黄海高程是以青岛观测站海平面作为零点的高程系统；吴淞高程是以吴淞口观测站海平面作为零点的高程系统。

除了绝对高程外，也可假定某一水平面为基准面，得出各点相对于该基准面的高差，称为相对高程，也称为标高。

2. 等高线、坡度、坡向

在地形图上，将地面高程相等的相邻各点连成的闭合曲线称为等高线。

地形图上相邻两条高程不同的等高线之间的高差称为等高距。地形图上相邻两条等高线之间的水平距离称为等高线间距。

等高距和等高线间距是两个不同的概念。两个点的等高距与等高线间距的比值（%）即为这两点连线的坡度。

居住区地块不同的地面坡度，会对建筑、道路、景观的布置带来很大影响，坡度太大会造成施工难度加大、成本上升。当原始地面的坡度大于 25% 时，通常不做大规模的居住区开发。表 8-1 列出了不同的地面坡度分级及使用要点。

地面坡度分级及使用要点　　　　　　　　　　　　　　　　表 8-1

分级	坡度	使用要点
平坡	0~2%	建筑、道路不受地形坡度限制。坡度小于 3‰时应注意排水组织
缓坡	2%~5%	建筑宜平行等高线或与之斜交布置；若垂直等高线，长度不宜超过 30m，否则须结合地形做错层、跌落处理。非机动车道不做垂直于等高线布置
	5%~10%	建筑、道路宜平行等高线或与之斜交布置；若与等高线垂直或大角度斜交，建筑需结合地形做错层、跌落处理；机动车道需限制坡长
中坡	10%~25%	建筑应结合地形设计；道路应平行或与等高线斜交迂回上坡；人行道与等高线大角度斜交时应做台阶。布置较大面积平坦场地，土方量较大
陡坡	25%~50%	用作居住区建设时，施工不便、费用大，不宜大规模开发。山地城市用地紧张时可使用
急坡	>50%	不宜用作居住区建设用地

除了考虑地面坡度带来的施工影响之外，由于所规划地块是用于居住生活，要考虑日照条件和日照间距，因而还应考虑坡地的朝向。不同的坡向，以东南坡、南坡、西南坡为好，东坡次之、西坡再次，北坡最差。其日照间距也因日照条件不同而与平地不同。

3. 地形特征

地块因其处于平地、山脊、谷地、坡地等不同地段，以及地块规模、形状等因素，呈现不同的地形特征。不同的地形特征会给人不同的心理感受，有些是视野开阔的，心理感受是开朗的；有些是相对封闭的，心理感受是内向、幽静的。这些可视作不同地形的性质特征。根据不同地形的性质特征合理加以运用，可收获设计的点睛之笔。表 8-2 是对不同地形特征的地块，在使用时的一些建议。

地形特征及使用建议

表 8-2

地形特征	性质	使用建议
平地	开朗、平稳、多向	广场、大型建筑群、运动场、学校、停车场的合适场地
凸地	开阔、向上、动感	观景的最佳处，布置建筑与活动场地
凹地	封闭、汇聚、内向	露天观演、运动场地、水面、绿化休息地
山脊	分隔、延伸、动感	道路、建筑的布置场地
山谷	延伸、汇聚、幽静	道路、水面、绿化的布置区域

8.1.2 竖向规划的考虑因素

居住区地块的竖向规划，主要考虑以下一些因素：

1）居住区与周边地块、河流水位、道路的高程关系。避免洪水、潮水、暴雨、地下水、内涝积水等对场地的影响。

2）行车和步行的方便、安全。如果地块内道路、场地的坡度太大，会给机动车、非机动车或者行人的通行带来不便，甚至产生不安全因素。因此，对道路和场地有最大坡度的限定。

3）排水的合理与通畅。道路及场地的坡度太小，会导致排水不畅，在骤雨时段容易积水。因此，对道路和场地有最小坡度的限定。另外，建筑物的室内地坪应比室外高，以避免室外地面积水时倒灌入建筑物室内。

4）景观的丰富。景观的设计，讲求视觉的层次性、丰富性和空间的起承转合等，地块的高低错落，更有利于塑造景观层次，组织各种景观要素。

5）工程管线的埋设要求。

6）降低土方费用。充分考虑地块的现有地形特征，在地块内部进行土方平衡，合理调配土石方，是降低工程造价的一个途径。

8.1.3 竖向规划的基本任务

居住区规划中的竖向设计，基本任务有如下方面：

1）地块的整平，以及场地与周边道路、地块、河道之间的高差处理。

2）各建筑物、构筑物的地坪标高，室内外高差衔接。

3）各广场、停车场、活动场地等的整平标高及坡度。

4）各道路的整平标高及坡度。

5）绿地的标高及坡度设计。

6）按需要设置挡土墙、排水沟、护坡、驳岸等构筑物。

7）地块内土石方的平衡，以及土石方工程量的计算。

8.2 地形设计与建筑布置

8.2.1 地形设计

地形设计应尽量结合自然地形，减少土石方工程量。土石方的填方、挖方一般应考虑就地平衡，缩短运距。一般情况，土方宁多勿缺、多挖少填，石方则应以少挖为宜。

规划地面的形式，一般分为平坡式、台阶式和混合式。

地块的自然坡度小于 5% 时，宜规划成平坡式；自然坡度大于 8% 时，宜规划成台阶式。建筑用地的台地划分，应考虑地形的自然坡度、坡向和风向等因素，适应建筑布置的要求。

8.2.2 建筑布置

结合地块的竖向规划，建筑布置应遵循以下原则：

1）建筑单体的设计，应结合地形条件，在地形复杂、坡度较大的基地，建筑体量不宜过大。

2）建筑的布置，应注意结合地形、利用地形，以形成丰富错落的建筑景观。

3）山地、丘陵地区布置建筑群，不应追求对称、规整和平面形式，而应结合地形起伏，自由灵活地布置。

4）地形起伏的建筑群布置时，还应考虑各建筑物之间因高程不同而形成的特殊的透视关系，设计应充分考虑屋脊、檐口、门窗、阳台等要素之间的秩序感，避免杂乱无章。

建筑结合地形布置的方式多种多样，基本原则就是要因地制宜、因建筑而异。表 8-3 是建筑结合地形布置常用的几种方式。

建筑结合地形布置的常用方式　　　　　　　　表 8-3

方式	方法		适宜坡度	
			垂直等高线布置	平行等高线布置
提高勒脚		将建筑物勒脚提高到相同标高	<8%	10%~15%
筑台		挖、填基地形成平整的台地	<10%	12%~20%
错层		将建筑相同层设计在不同标高	12%~18%	15%~25%
跌落		建筑垂直于等高线布置，以单元或开间为单位，顺坡处理成台阶	4%~8%	—
掉层		错层或跌落的高差等于建筑层高	20%~35%	45%~65%
错叠		建筑垂直于等高线布置，逐层或隔层沿水平方向错开或叠合形成台阶状	50%~80%	—

8.2.3　建筑的标高

居住区内的建筑室内地坪宜高于室外地坪 30~60cm。在多雨地区宜采用较大值。高层建筑、土质较差或者回填土地段还应考虑建筑的沉降。

建筑室内外高差在入口处以台阶或者坡道连接。室外台阶的踏步高度通常为每级 100~150mm。

建筑物室外地坪的坡度不应小于 0.3%，并且不得朝向建筑墙角。

8.3　道路、场地和景观的竖向规划

8.3.1　道路的坡度

道路的竖向规划，技术上主要满足机动车、非机动车的行车要求和行人的行走需求，同时满足排水需要。因此，对道路的坡度有最大值和最小值的限定。道路坡度有纵坡和横坡之分，道路纵坡是指道路中心线的纵断面坡度。

道路纵坡竖向规划的技术数据有：

1）机动车道纵坡一般小于等于 6%，困难时可达 9%，山区城市的局部路段坡度可达 12%。但道路坡度超过 4% 时，必须限制其坡长：

坡度为 5%~6% 时，坡长宜小于等于 600m；

坡度为 6%~7% 时，坡长宜小于等于 400m；

坡度为 7%~8% 时，坡长宜小于等于 300m；

坡度为 9% 时，坡长宜小于等于 150m。

2）非机动车道纵坡一般小于等于 2%，困难时可达 3%，但坡长应限制在 50m 以内。

3）人行道纵坡以小于等于 5% 为宜，大于 8% 的坡道行走费力，宜采用台阶。

4）为保证道路的排水顺畅，各道路纵坡不应小于 0.3%。

8.3.2　场地的坡度

广场、运动场、停车场等大面积的场地，坡度设计时要考虑排水的需要、场地自身的要求，以及视觉的感受。

场地纵坡竖向规划的技术数据有：

1）广场坡度以 0.3%~3.0% 为宜，0.5%~1.5% 为最佳。

2）停车场坡度应为 0.2%~0.5%。

3）运动场坡度应为 0.2%~0.5%。

4）儿童游戏场坡度应为 0.3%~2.5%。

5）草坪、休息绿地的坡度应为 0.3%~10%。

8.3.3　地形对塑造景观的作用

地形的高低错落、起伏变化，会带来空间层次的丰富变化，这对塑造多样性的景观有利。合理地利用地形的变化，组织各种景观要素，是居住区景观设计的一个重要手段。

1）围合、限制、分隔空间。利用挖土、堆土的范围和高差，可以制约空间的开敞或封闭程度、边缘范围、空间方向。如图8-1（a）所示地形围合限定空间，地形的制约产生空间的含蓄、限制等特征。

2）组织交通。利用地形的起伏、坡度的变化，引导和影响车辆或行人的行走路线及行进速度。如图8-1（b）所示地形设计影响行走速度。

3）影响视野景观。通过地形的变化，有助于形成视线通道或者限制视野，突出主题景观，屏障不利景物。如图8-1（c）所示，利用地形的起伏变化，产生视线焦点的变化，借助地形扩大视野范围，利用地形阻隔噪声、屏障不利景物等。

4）改善小气候环境。利用地形来影响风向，有利于通风、防风等。利用地形产生的向阳坡，改善日照。

5）增加美学效果。使景观层次更加丰富生动，有立体感，利用地形产生的高差、阴影等，加强建筑的艺术表现力。

利用原有地形的高差，布置住宅等建筑，结合高低错落的各种景观元素，可以打造山地住区独特的景观效果。图8-2就是利用坡地的原始高差，结合地形的起伏或单向坡度布置建筑。

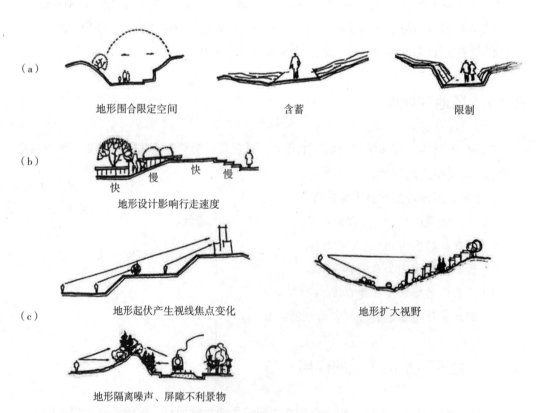

（a）

地形围合限定空间　　　　　含蓄　　　　　限制

（b）

快　慢　快　慢

地形设计影响行走速度

（c）

地形起伏产生视线焦点变化　　　　　地形扩大视野

地形隔离噪声、屏障不利景物

图8-1　地形对塑造景观的作用

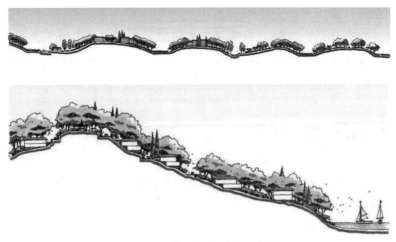

图 8-2　利用坡地高差布置建筑

8.4　土石方工程量计算

计算土石方工程量的方法有多种，常用的有方格网计算法和横断面计算法。

8.4.1　方格网计算法

方格网法计算工程土石方量，适用于地形变化较平缓的地块。通过在地形图上划分方格网，确定原始地坪和设计地坪的标高，计算挖填方数值，从而得出土石方量。

1. 方格网的划分

方格网的大小，根据地形变化的复杂程度和设计要求的精度确定。方格边长常采用 20m×20m 或 40m×40m（地形平坦、机械化施工时可采用 100m×100m）。方格一般为正方形。在地形变化和布置上有特殊要求的地段，可局部加密方格网（如 10m×10m）。方格网最好能够和测量坐标网或施工坐标网重合设置，以便计算。

方格网越密，则计算结果的精度越高，但相应工作量越大。

2. 施工高程的确定

根据已确定的竖向设计标高和地块的地形测绘图，用插入法求出方格网各角点的设计地面标高和自然地面标高，并计算出该点的施工高程：

施工高程 = 设计地面标高 – 自然地面标高。

3. 标注零界点

当方格网中相邻两角点中一点为挖方、另一点为填方时，可用插入法求出"零界点"的位置，并连接"零界点"构成连续的"零界线"，其两侧分别为填方区和挖方区。

4. 土方量的计算

采用相应公式分别计算每一方格网内的填方量、挖方量（填方为"+"、挖方为"−"），然后累计计算总的挖填方量。总计为"+"即工程总量为填方，总计为"−"即工程总量为挖方。这类似积分的原理。

8.4.2 横断面计算法

横断面计算法较简捷，但计算精度不及方格网计算法，适用于道路、管网开挖或其他纵横坡度较规律的狭长地段。

横断面间距视地形和规划情况而定，较平坦地段可采用 40~100m；较复杂地段可采用 10~30m；也可根据计算土方量准确度的要求，确定断面的增减。分段测出分段线的起伏变换点的标高。将分段长度乘以分段中点梯形面积，再将积累加，即土方总量。

 【思考与练习】

1. 思考题

1）简述居住区竖向规划的考虑因素。

2）列举竖向规划的基本任务。

2. 综合实训

通过本模块内容的学习，对已确定的居住区规划方案进行竖向设计。图纸应标明道路中心线控制点坐标、高程、道路坡度、坡长、道路断面，建筑定位、建筑室内标高、室外标高、场地排水方向、踏步等。

模块 9　老旧小区更新

❖ 【学习目标】

　　通过对老旧小区存在问题、更新内容、适老化改造等内容的学习，学生能够了解老旧小区更新规划设计的主要内容，参与完成老旧小区改造的工程。

❖ 【学习要求】

能力目标	知识要点	权重	自测分数
了解老旧小区存在的问题	建筑质量问题、社区环境问题、社区安全问题、配套设施问题	20%	
掌握老旧小区更新内容	住宅建筑更新、社区环境更新、配套设施更新	25%	
掌握老旧小区的适老化改造	老龄化背景、适老化改造内容	40%	
了解案例分析	鄂州市滨湖社区改造、丹山市蓬莱社区改造、杭州市梅花碑未来社区、杭州市杨柳郡未来社区、日本东京市花田小区改造	15%	

❖ 【内容导读】

　　《城市居住区规划设计规范》GB 50180—1993 中把居住区分为居住区、小区、组团三级，现行的《城市居住区规划设计标准》GB 50180—2018 中，已不采用这个划分方式。老旧小区在建时执行原来的规范，许多相关文件也用到"小区"的概念，故本模块涉及老旧住区的内容，仍旧沿用"小区"一词。

　　老旧小区是指建成年代较早、建设标准较低、基础设施老化、配套设施不完善、未建立长效管理机制的住宅小区。由于年久失修以及城市化进程加快，老旧小区建筑质量较差、社区环境脏乱、配套设施缺乏、违章搭建严重、停车位不足等问题日益凸显，直接影响了居民生活质量的提高、和谐社区的构建和美好城市的建设。

2017年底，住房和城乡建设部在厦门、广州等 15 个城市启动了城镇老旧小区改造试点。2018 年，各地开始密集出台老旧小区改造计划与方案。2019 年住房和城乡建设部会同发展改革委员会、财政部联合印发了《关于做好 2019 年老旧小区改造工作的通知》，老旧小区改造上升到国家高度，加速了推进步伐。

老旧小区多为 20 世纪 80~90 年代由机关、企事业单位兴建的职工福利住房，待职工子女成人后组建新的家庭，纷纷搬离老旧小区。现存的老旧小区多为老年人居住，小区内老龄化程度很高。在居家养老成为主要选择的国情下，老旧小区适老化程度低、养老配套设施不足、缺乏交往互动场所等问题十分突出。因此，在老旧小区更新的过程中，要充分考虑老年人的需求，将适老化改造融入其中。

9.1 老旧小区存在的问题

老旧小区普遍存在的问题可以概括为以下四个方面：

1）建筑质量问题。由于房屋设计落后且年久失修，普遍存在地基的不均匀沉降、变形、基础开裂；墙体的倾斜变形、局部破坏、开裂错位、节点连接失效；混凝土构件的承载力不足、开裂、钢筋锈蚀、防火抗震性能不足等问题。

2）社区环境问题。社区内绿化率不达标，环境卫生较差，缺少垃圾分类设施，物业管理缺位，停车位不足导致车辆乱停乱放等。

3）社区安全问题。社区内消防通道占用严重，消防设施缺乏，缺少门禁系统、监控系统等。

4）配套设施问题。管网和线路老化，部分小区缺少电信设施、无障碍设施、康养文体设施、养老服务机构、儿童托管机构等。

从老旧小区的形成过程分析，大致可以分为街巷型老旧小区、单位大院型老旧小区、商品房型老旧小区三类（图 9-1），其空间特点和存在的问题见表 9-1。

三类老旧小区空间特点及存在问题 表 9-1

小区分类	街巷型老旧小区	单位大院型老旧小区	商品房型老旧小区
空间特点	街巷狭窄，密布交织，道路复杂； 底层建筑沿街巷连片密集布置； 少量多层和小高层穿插其中； 历史建筑点缀其中	行列式建筑布局，以楼间道路组织交通； 楼栋之间形成条形公共空间； 公共空间形态相似，识别性差	围合式布局，道路呈环形布置； 有集中大片公共绿化活动空间； 连续的沿街裙楼界面

续表

小区分类	街巷型老旧小区	单位大院型老旧小区	商品房型老旧小区
建筑特点	较为密集的老旧住宅建筑，保持着城市的传统肌理，并且往往具有一定数量的历史文化建筑	主要建于 20 世纪 90 年代以前，相当部分房屋较为破旧	主要建于 20 世纪 80~90 年代，由早期开发商进行统一规划设计，有相对完整独立的小区内部空间
存在问题	建筑危破，楼栋设施破旧不齐；基本小区服务设施匮乏；消防通道不规范、消防设施不完善；缺乏公共活动空间和绿地开敞空间	建筑破旧，楼栋设施破旧；基本小区服务设施不足，缺少适老设施；消防设施及其他市政设施破损、老化；公共空间缺少活动设施，利用率低	部分楼栋设施老化；公共服务设施不完备；养老适老设施不足；公共空间活力不足

（a）街巷型老旧小区　　　（b）单位大院型老旧小区　　　（c）商品房型老旧小区

图 9-1　三类老旧小区

9.2　老旧小区更新内容

老旧小区更新内容可大致分为三大板块，共 9 个分类，主要更新内容见表 9-2。

老旧小区更新内容　　　　　　　　　　　　　表 9-2

板块	分类	更新要素
住宅建筑更新	建筑修缮	屋面防水与整治、外墙治理与整饰
	楼栋设施更新	整治楼道、添置完善楼宇安全系统、整治管道线路设施、整治楼外设施
	房屋建筑提升	加装电梯、节能改造
社区环境更新	小区道路更新	道路修整与改造、步行系统及人行设施改造、拆除违建及通道清理
	公共环境改善	围墙清理整修、信息标识更新、绿化景观更新
	公共空间更新	开敞活动空间更新、街巷活动空间更新

续表

板块	分类	更新要素
配套设施更新	服务设施	环卫设施更新、康体游乐设施更新
	市政设施	三线整治、增设安防、消防设施、照明设施更新、管线更新
	公共设施	停车设施改造、快递设施改造

图 9-2 是安阳市殷都区隆昌社区改造前后的对比照片。改造涉及建筑外墙、地面铺装、绿化植被、市政设施等内容。

图 9-2　安阳市殷都区隆昌社区改造前（左）后（右）

9.2.1　住宅建筑更新

1. 建筑修缮

1）屋面防水与整治。针对老旧小区屋顶构造存在老化渗漏情况，在原有建筑结构基础上对屋面进行不同层面的防水构造处理，从根本上解决渗漏问题，保证后续正常使用。对于结构条件较好、通达性高的屋面可以配置垂直绿化、屋顶绿化和屋面晾晒、公共休闲设施，改善小区生态环境，如图 9-3、图 9-4 所示。

图 9-3　屋面未做防水改造（左）和屋面已做防水改造（右）

图 9-4　屋顶绿化

2）外墙治理与整饰。在现状建筑结构基础上对立面进行清洗、修补或翻新，统一小区整体环境风貌，与周边建筑环境相协调，提升整体街区形象，突出不同地区建筑外立面风格与特色（图 9-5）。

图 9-5　外墙清洗中（左）和外墙翻新后（右）

2. 楼栋设施更新

1）整治楼道。清理楼道乱堆乱放、乱搭乱建，粉刷楼道内墙，整修楼梯扶手、栏杆、楼道窗户，修缮破损台阶，修缮、添置公共照明、邮政设施、消防设施（图 9-6）。

2）添置完善楼宇安全系统。修缮、添置单元防盗门，添置住户内对讲设备，完善门禁系统。规模较大的小区可增加视频安防监控系统（图 9-7）。

3）整治管道线路设施。针对给水排水管道、雨水管道、空调排水管、燃气管、入户电线等管道线路老化、布局杂乱、私搭乱接等问题，统一进行设计和更换，保证管道线路布局合理美观（图 9-8）。

4）整治楼外设施。统一更换防盗网和雨篷，调整空调外机位置（图 9-9）。

图 9-6 未做楼道改造（左）和已做楼道改造（右）

图 9-7 楼宇安全系统改造前（左）和完成楼宇安全系统改造（右）

图 9-8 管道线路设施杂乱（左）和完成管道线路改造（右）

图 9-9　整治楼外设施

3. 房屋建筑提升

1）加装电梯。根据具体情况进行居民调研，合理确定电梯加装位置，选择电梯结构形式，鼓励居民积极参与老旧楼宇加装电梯，合理分配各层居民的分摊费用（图 9-10）。

图 9-10　加装电梯

2）节能改造。在保证建筑结构安全的前提下，对外墙保温层、屋面、楼地面、门窗进行提升改造，增加建筑保温性能，有条件的地区可统一安装太阳能系统、雨水收集系统等节能设施。

9.2.2　社区环境更新

1. 小区道路更新

1）道路修整与改造。对开裂、破损的道路进行修缮或重新铺整，路宽大于 5m 的道路可以设置人车分流，及时更换路面的破损井盖，规范消防车道（图 9-11）。

2）步行系统及人行设施改造。步行系统用于组织慢行交通，需连接住宅、公建等空间节点，满足遮阴、避雨、休闲、观赏等功能需求，打造丰富的景观空间，包括风雨连廊、休息座椅、台阶、栏杆等人行设施（图 9-12）。

图 9-11　老旧街巷（左）和道路更新后（右）

图 9-12　人车混行（左）和步行系统改造后（右）

3）拆除违建及通道清理。重点拆除阻碍消防通道的违章建筑物、构筑物及设施，保证消防通道畅通；清理影响消防设施使用的杂物；清理占用公共道路、影响景观美感的杂物。

2. 公共环境改善

1）围墙清理整修。对小区外围围墙进行清洁整修，并通过改变其造型、色彩、材质、照明，与周围环境相融合形成特色景观空间，设计上要体现小区的文化特色和内涵。没有围墙的区域可以用生态绿篱替代围墙（图 9-13）。

2）信息标识更新。增设小区标识系统，包括小区铭牌标识、道路导引、主要公共设施导引、小区地图、楼栋号码、安全警示等。信息标识位置要醒目且不妨碍交通及景观；标识的风格要统一，应与小区整体氛围相契合，兼具美观和实用性；标识应选用耐久性材料，避免频繁维修（图 9-14）。

3）绿化景观更新。根据小区的规划布局形式、环境特点和用地条件，采用集中与分散相结合，点、线、面相结合的方式，综合设置集中绿化、街道绿化、宅旁绿化和界面绿化，适当保留和利用规划范围内的已有树木和绿地（图 9-15）。

图 9-13　破损的围墙（左）和围墙清理整修后（右）

图 9-14　信息标识更新

图 9-15　绿化改造中（左）和景观更新后（右）

3. 公共空间更新

1）开敞活动空间更新。开敞活动空间主要指小区内的广场、集中绿地等有一定规模、面积较为集中的活动场地。开敞活动空间的设计要满足小区的人车集散、社会交往、老人活动、儿童玩耍、散步等需求。规划设计应从功能出发，为居民的使用提供方便和舒适的小空间，设置空地休闲区、绿地植被区、小品雕塑区、回廊座椅区等，共同构成层次丰富的空间，为儿童玩乐、青少年轮滑、中年人交谊舞、老年人锻炼等不同活动提供场地（图9-16）。

图9-16　单调的开敞活动空间（左）和丰富的开敞活动空间（右）

2）街巷活动空间更新。街巷活动空间指小区内部规模较小的以街巷为载体的狭长活动空间，仅供休闲散步和休憩使用。针对街巷式小区空间有限的情况，要根据不同的现状制定不同的活动空间改造策略，到达空间的有效增补和优化利用。公共空间要考虑不同年龄段、不同时段的需求，注重功能的多样性。可以采用口袋公园的设计，插建于街角、宅旁等空间有限的区域（图9-17）。

图9-17　单调的街巷活动空间（左）和丰富的街巷活动空间（右）

9.2.3　配套设施更新

1. 服务设施

1）环卫设施更新。按照当地垃圾分类投放模式设置生活垃圾分类收集容器和收运点；设置再生资源回收点、衣物回收点；设置垃圾分类公示牌，张贴垃圾分类宣传海报，做好垃圾分类回收工作（图 9-18）。

图 9-18　脏乱的环卫设施（左）和更新后的环卫设施（右）

2）康体游乐设施更新。设置健身运动场地、儿童游乐场地，放置成人健身器材和儿童游乐设施。设施布局应满足服务半径要求，分散布置，便捷合理；器材选择应兼顾实用和美观，有充分安全的构造和必要的安全防护；材料具有耐久性和环保性（图 9-19）。

图 9-19　简单的健身器材（左）和丰富的康体游乐设施（右）

2. 市政设施

1）三线整治。三线指"电力线、通信线、广播电视线"。在主要道路的架空线路应尽量下地处理，建设智能用电小区。不具备下地条件的区域，通过优化线路结构进行改造，实现规整遮蔽，解决"三线"违章乱拉、乱挂等问题，消除安全隐患，营造整洁美观的小区环境（图 9-20）。

图 9-20 "三线"整治前（左）后（右）

图 9-21 未做安防设施（左）和完成安防设施改造（右）

2）增设安防、消防设施。小区出入口设置门禁系统和智能车闸管理系统，实现进出通行身份识别；小区大门增设保安岗亭；完善视频安防监控系统，建立视频监控中心；增设室外消火栓，满足小区消防安全需求（图 9-21）。

3）照明设施更新。增设小区内公共照明设施，以满足社区居民夜间出行的基本照明和装饰性照明需要。设计以经济、简洁、高效、美观为原则，满足不同场所的具体使用需求，突出社区的特色。

4）管线更新。用新型材料对破旧老化的供水、排水管道进行更换，排水管道实现雨污分流；改造供配电设施设备，集中安装一户一表，消除安全隐患，提高居民生活品质。

3. 公共设施

1）停车设施改造。改造机动车停车场，组织停车场内道路与外部交通的关系，使车辆进出通畅；配合地面标识与标线，方便泊车；增加停车场遮蔽设施；停车位特别紧张的小区可考虑增加立体车位。新增电动车充电桩；新增非机动车充电和停放设施并加装雨篷，引导居民规范停车（图 9-22）。

2）快递设施改造。根据小区的平面布局和人流量情况合理选择快递设施的位置和尺寸，结合小区住房的实际需求，可选择增设快递网点或智能快递柜（图 9-23）。

图 9-22　未组织停车（左）和停车设施改造后（右）

图 9-23　无快递设施（左）和快递设施改造后（右）

9.3　老旧小区的适老化改造

9.3.1　老龄化背景

我国社会的人口老龄化正在不断加速。2022 年，全国总人口 141175 万人，其中 65 岁及以上人口为 20978 万人，占比 14.86%；到 2023 年末，总人口 140967 万人，其中 65 岁及以上人口为 21676 万人，占比 15.38%，与前一年相比，总人口下降，老龄人口增加，比重上升 0.52%。

《"十四五"国家老龄事业发展和养老服务体系规划》中提到，"十四五"时期，积极应对人口老龄化国家战略的制度框架基本建立，老龄事业和产业有效协同、高质量发展，居家社区机构相协调、医养康养相结合的养老服务体系和健康支撑体系加快健全，全社会积极应对人口老龄化格局初步形成，老年人获得感、幸福感、安全感显著提升。规划提出，要强化居家社区养老服务能力，营造老年友好型社会环境。

居家养老模式在我国养老养生模式中最为普遍也最易接受，养老地产的蓬勃发展也正是瞄准了这一市场，但养老地产的目标顾客群体多为中高收入的老年人，所依托的设施为养老公寓、别墅以及周边的配套社区、服务设施等。而中低收入的老年人群体依然大多居住在城市中的老旧小区中，因此，老旧居住区的适老化改造成为非常重要的环节。

9.3.2 适老化改造内容

1. 户外活动空间

老年人的户外活动可分为运动、休憩和社交三个方面。在改造过程中，可通过对原有设施进行再利用，形成老年人的运动休闲空间。同时，可将老年人和儿童活动场地结合，使老年人在监护儿童活动的同时，也可以进行锻炼、社交等活动。户外活动场地中，如设置水体景观，要充分考虑老人和儿童的安全性，增加护栏、扶手等设施，同时要避免磕碰。在活动空间的分布上，考虑到部分老年人行动不便，因此要采用集中和分散相结合的原则。

2. 道路空间

旧居住区道路一般较为狭窄，很难做到人车分流。因此，道路规划可以遵循人车共行、行人优先的原则。在原有道路设计基础上，通过弯道设计、减速带的设置来限制机动车行驶速度，对社区内车辆提出限速、单行及礼让的要求，同时增设景观和无障碍设施，使空间受限的老人社区的交通情况得以改善。

3. 绿化景观空间

绿化景观空间是老年人利用率最高的地方，改造时应充分考虑光照、风向的影响，使之成为老年人观赏、休息、晒太阳的绝佳空间。此外，园路的设计要引人注目，铺装材料要选择防滑且色彩鲜明的材料，路上每隔一段距离要设置休息座椅。

4. 无障碍设计

无障碍设计是适老化设计的核心之处，它为老年人的日常行为提供了便利，增强了老年人在社区内活动的安全性。地面高差处理用缓坡代替台阶；楼栋号、单元号、服务设施指示牌等标识系统应清晰醒目，便于老年人识别；在老旧小区停车场规划改造过程中，增设无障碍停车位，方便使用轮椅的老人上下车；社区内道路系统要满足轮椅通行的需求；夜间照明应适当提高照度，并在单元入口、活动场地、景观水域、高差变化处进行重点照明。

5. 养老服务机构

小区内部或周边几个小区共享社区食堂、养老院、健康管理中心、老年大学等养老服务机构，满足老年人的基本生活需求和个性需求。

9.4　案例分析

9.4.1　鄂州市滨湖社区改造项目

1. 项目概况

项目位于湖北省鄂州市滨湖社区。该社区北至滨湖北路，南抵南浦虹桥，西至洋澜湖和沿湖路，东临市政府，用地面积为 49.1hm²，人口为 8128 人。滨湖社区俯瞰图如图 9-24 所示。

图 9-24　滨湖社区俯瞰图

社区内 60 岁及以上老年人口占总人口已达 13.3%，已进入老龄化社会。空巢老人占老年人口的一半以上，急需社区养老服务设施。0~18 岁少年儿童人口占 12%，低于老年人口。

滨湖社区现状如图 9-25 所示。小区环境凌乱，电线杆林立，飞线如蛛网，室外台阶较多，缺乏防护与助力设施；小区内缺乏停车空间，占用市政道路与公共场地现象普遍，乱停乱放问题突出；大多数六层建筑无电梯，老年人出行困难；公共环境便民设施缺乏，适老性休闲及休憩设施配套显著不足；社区空间环境维护欠妥，无障碍通行困难，缺失指示与导引标识。

图 9-25　鄂州市滨湖社区现状

2. 更新手段

1）适老化环境改造整体策略

图 9-26 是鄂州市滨湖社区改造方案图。选择现有居住组团内老年家庭较多的楼栋单元，进行垂直交通无障碍改造，加装电梯和单元无障碍设施，首先保证老人、儿童、孕妇等人群出行的安全性与便利性。

强化导识体系设计与配置，便利场所引导及美化环境。增设立体车库，缓解地面车位对社区公共空间的挤占。将待拆改的既有建筑物改造为"乐龄驿"，为社区老人和儿童提供必要的服务。

改造原有场地，营建适老宜幼的园林与活动空间，提升社区宜居环境标准。陡直楼梯增设座椅电梯，住宅单元入口高台阶增设轮椅升降机。场地高差处设置固定或成品坡道板。更新无障碍扶手，提升品质。

2）立体车库形态与导识系统设置策略

缓解地面停车挤占公共绿地与宅间绿地的矛盾。结合停车库设置充电桩。强化样板区内导识系统的设计与配置，在满足信息无障碍的需求基础上整顿与美化社区空间环境。导识系统应根据场所特征和指示内容，采取与环境相结合的形式设置。

3）景观园林与公共活动空间改造策略

重点打造适合老人与儿童的专用场地。老年人与儿童活动场地宜毗邻而设。一老一小活动场地应注意其安全性。老人与儿童应设置不同活动主题的场景与配置。园林种植应关注老人的行为状态与康养作用。

4）待拆既有建筑改造——"乐龄驿"

设置健康中心，为老人提供健康档案、慢性病管理咨询并结合社区卫生所及医院，

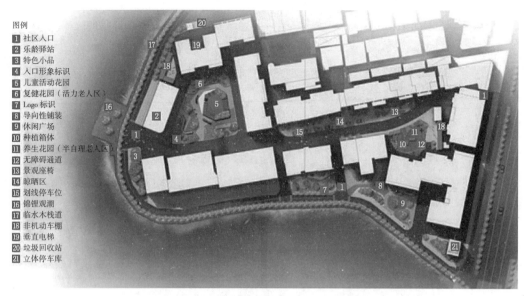

图例
1. 社区入口
2. 乐龄驿站
3. 特色小品
4. 入口形象标识
5. 儿童活动花园
6. 复健花园（活力老人区）
7. Logo 标识
8. 导向性铺装
9. 休闲广场
10. 种植箱体
11. 养生花园（半自理老人区）
12. 无障碍通道
13. 景观座椅
14. 晾晒区
15. 划线停车位
16. 锦鲤观潮
17. 临水木栈道
18. 非机动车棚
19. 垂直电梯
20. 垃圾回收站
21. 立体停车库

图 9-26　鄂州市湖滨社区改造方案图

提供就近问诊和远程医疗服务。针对老人提供保健、养生的专业讲座和相互交流。引导各类为老服务，以及组织老人进行文娱活动。为需要临时驻留照料的老人提供短期专业看护。设置儿童书屋（学后课堂）、游戏空间、长幼营养送餐，面向社区提供长幼一体化服务。

9.4.2　舟山市蓬莱社区改造项目

1. 项目概况

蓬莱社区（图 9-27）位于舟山市定海区环南街道。社区东起环城东路 92~125 号，西邻蓬莱河，南至环城南路 277~343 号，北与徐家桥为界，区域面积 0.56km²。社区常住人口 7200 余人，老年人口和外来流动人口占比 30% 以上。

社区内共有 75 幢住宅楼群，190 个楼道。每幢楼下配套一层平房。建筑楼房采用砖混结构建造，属于典型的楼板房结构。已有 40 年左右的使用年限。社区住宅楼大多数为 5 层，少数为 4 层，极少数为 6 层。东江新村的个别楼房比较特殊，底层采用半层架空设置。

社区内存在道路交通杂乱、堵塞、不畅通、无序等问题。社区内有两条主要行车通行道路：徐家桥路和蓬莱路，总长 772m，巷、弄 5 条。

蓬莱社区公共设施匮乏，设施年久失修，现状公共设施有：公共厕所 1 处（新建）、健身场地 3 处（新建）、蓬莱社区服务中心 1 处、蓬莱社区"五彩屋"养老服务中心 1 处、蓬莱社区卫生服务站 1 处、治安值班站 2 处。现状公共设施缺乏、老旧，已不能满足居民的正常需求。

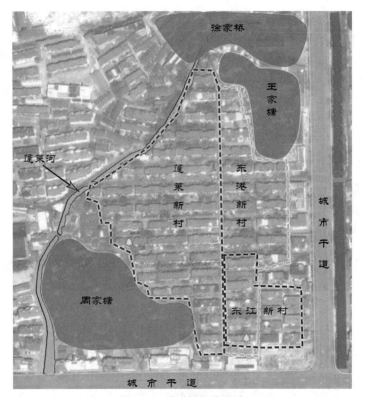

图9-27 蓬莱社区总平面

2. 项目的机遇与局限

1）项目机遇

社区西侧为天然水道——蓬莱河，滨水景观可以利用。社区内部地势平坦，有利于进行内部的适老化改造。社区位于舟山市定海区的中心地段，处于两条城市主干道（环城南路、环城东路）交叉口的西北侧，外部交通区位优势明显。社区临近定海区城市公园、东门车站、定海汽车南站等重要节点，周围也具备绿地、医疗、商业、教育、公共交通站场等基础设施，地段区位经济潜在价值高。

2）项目局限

社区是一面临河、两面临路、双塘包夹的"三角地块"，对内部环境较为不利。社区内部在绿化上缺少丰富多样的绿化植被景观，在交通上存在道路交通杂乱、易堵塞、不畅通和缺少停车设施等问题，在配套设施上缺少公共服务设施，缺乏社区日常管理。在建筑上，存在违章搭建、私搭乱盖的问题。在外立面上，存在脱落、老化、渗露的问题。在设施上，存在私拉线缆、设施老旧的问题（图9-28）。在治安上，存在外来流动人口多，治安环境较差的问题。

3. 设计分析

如图9-29所示，小区改造设计充分利用了天然水系，打造更多的开放空间、绿色

图 9-28　蓬莱社区内部环境

步道，满足老年人的活动需求。通过主干道路将居住组团相连，并增加停车场，解决老旧小区的停车难题。

4. 改造内容和具体措施

改造内容和具体措施见表 9-3 和图 9-30。

图 9-29　蓬莱社区改造主要设计策略

蓬莱社区改造内容和具体措施 表9-3

改造方向	改造内容	具体措施
社区环境改造	道路交通	1. 疏通交通断点、障碍,打通社区内外交通联系; 2. 人车道分离,强化对行车道的管控,建立完善的步行道; 3. 增设停车站场场地,规范社区内的车辆停放; 4. 修缮社区道路路面,进行重新改造铺装
	绿化景观	1. 增加社区的绿化覆盖率,打造绿色社区; 2. 拆除所有一层平房区,为停车站场、绿化、设施、步行项目等预留空间; 3. 增加绿化植被的多样性,打造园林花园社区; 4. 充分利用蓬莱河的沿岸资源,打造社区滨水景观带
	完善设施	1. 完善现有的公共服务设施,增设养老服务设施; 2. 布置景观小品(木制长椅、风雨长廊、休闲凉亭等),完善社区照明路灯; 3. 完善并增设社区服务点,满足社区老人日常的购物、医疗、餐饮等需求
住宅内部改造	加装电梯	1. 符合现行城市规划、建筑设计、消防和结构等规范和标准; 2. 申请人就加装电梯的意向和具体方案等问题进行充分协商,并征求所在楼幢全体业主意见; 3. 加装电梯拟占用居住区业主共有部分的,征求建筑区划内全体业主意见; 4. 资金筹措
	室内设计	1. 地板适老化改造; 2. 卫生间适老化改造; 3. 卧室适老化改造
	住宅修缮	1. 楼体质量分析及检查,并加以修缮; 2. 避免管道线路老化,改造住宅水、电工程管道; 3. 修补房屋漏水等问题; 4. 对墙面进行重新漆刷
智慧化社区	智能养老	1. 智慧养老平台; 2. 医护急救、健康监测、远程会诊系统; 3. 智能"小优"机器人虚拟服务助手
	远程监控	1. 无障碍监控服务云平台; 2. 服务端与子女端同步监控
	全域覆盖	1. 在社区内设置多个网点信息; 2. 接收器,全区域覆盖服务范围

9.4.3 杭州市梅花碑未来社区项目

杭州市梅花碑未来社区项目属于浙江省第一批旧改类未来社区项目。梅花碑社区处于城市中心区域,具有独特的历史底蕴。它以梅花园遗址公园为中心,内含佑圣观路、城头巷古街巷道,临近南宋御街、河坊街、五柳巷历史街区,具有浓厚的上城宋韵文化(图9-31)。

（a）人车分流

（b）增加绿色停车空间

（c）社区服务点

（d）加装电梯

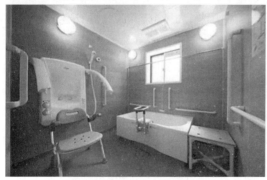

（e）室内适老化改造

（f）墙面修缮

（g）智能养老

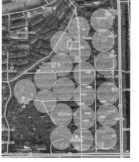

（h）全域覆盖

图 9-30　蓬莱社区改造内容和具体措施

图 9-31　梅花碑未来社区鸟瞰

　　项目通过深入分析社区现状，挖掘社区人文历史，打造出简约风雅、和谐包容的未来社区；引入"梅花"这一元素，从建筑、美食、演艺、诗词、文创等维度重现"风雅处处是平常"的生活方式与生活美学，呈现出"中国特色、浙江风采、杭州韵味、上城文化"。

　　梅花碑未来社区改造提升内容包括：路面整治修复、园林绿化提升、停车设施提升、消防设施提升、架空管线整治、公共区域设置无障碍设施及适老性改造、小区出入口形象提升、标识标牌提升、公共文化设施提升、围墙规范整治、屋面修缮等内容。改造前后对比如图 9-32 和图 9-33 所示。

（a）雅园改造前　　　　　　　　　　　　　　（b）雅园改造后

图 9-32　雅园、悦园改造前后对比

（c）悦园改造前　　　　　　　　　　　　（d）悦园改造后

图 9-32　雅园、悦园改造前后对比（续）

（a）享园改造前　　　　　　　　　　　　（b）享园改造后

（c）入口改造前　　　　　　　　　　　　（d）入口改造后

图 9-33　享园、入口改造前后对比

9.4.4　杭州市杨柳郡未来社区项目

1. 项目概况

杨柳郡未来社区于 2021 年 5 月列入浙江省第三批未来社区（整合提升类）创建名单，是杭州市 TOD 地铁上盖特色项目。该社区以年轻人群、核心家庭和活力老人为主，具有

"年轻活力、复合多元"两大显著特征。杨柳郡社区因特殊的建筑结构，存有大量闲置空间，不少是使用价值不高的"灰"空间，杨柳郡在这些"灰"空间上下足了功夫。

2. 构建"156+X"第三空间体系

杨柳郡以 5000 余平方米社区配套用房、4 万余平方米商业用房为基础，开展空间利用再赋能，构建"156+X"第三空间体系：1 个邻里客厅（图 9-34），5 个活力触媒点（规划社群功能的室外活动空间）（图 9-35），6 个组团微空间（与组团有关联的小型邻里坊），X 个弹性共享空间（发动各类商家、学校、养老机构等，不定期为公益、社群活动提供免费或低价的弹性空间）。有了"156+X"第三空间体系，未来社区的 9 大场景就有了物理空间的落位（图 9-36）。

图 9-34　杨柳郡邻里客厅

图 9-35　杨柳郡室外活动空间

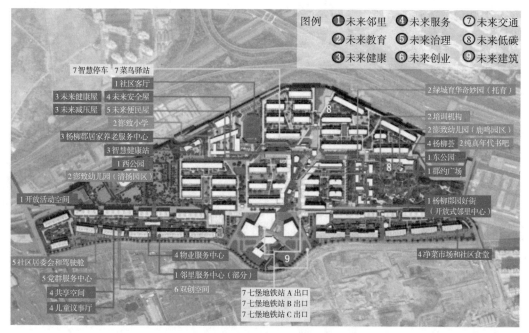

图 9-36　杨柳郡未来社区场景落位图

3. 潮邻生活方式

无论是未来社区的创建，还是城市更新过程中的老旧小区改造，居民参与度是无法回避的难题。未来社区对打造邻里场景提出美好的愿景。立足完备的九大场景功能基础，杨柳郡社区推动发起"第三空间"公共生活营造计划，提出空间微更新、场景激活、IP 事件打造、机制重塑等系统性营造策略，将"家门外"的公共空间升级转化为社交触媒、强吸引力、开放复合的"第三空间"。构建"自上而下 + 自下而上"融合型的社区营造模式，打造面向未来的潮邻生活方式。

9.4.5　日本东京市花田小区改造项目

1. 项目概况

花田小区位于日本东京市足立区，距离市中心 15km。占地 19.1 万 m^2，共计 80 栋楼房，2725 户。2011 年开始启动更新活动，侧重于物质层面的更新改造。

2. 更新手段

花田更新的基本目标是在地域中与生活相连，多世代相连，与环境相连，与街道相连，形成人人都能安心生活、充满生机的居住区。更新项目整体采取"按块划分，分块完成"的模式，将整个小区根据既有路网划分为若干地块，针对不同地块采取不同的更新方式，包括部分建替、集约更新、存量活用、用途转换等（图 9-37）。在 A、B、I 地块，为降低现状住宅空屋率和运营成本，UR（日本都市再生机构）将现有居住建筑完全拆除，并将用地性质调整为教育用地。文教大学计划在此建设东京安达校区，将国际学部和经营学部搬迁到此，并在 A 地块建设棒球场，在 B 地块建设足球场、篮球场。I 地块则承接原 E 地块的花田托儿所。

图 9-37　花田小区更新前状况与更新规划

C 地块是既有楼栋改装的重点地块。为增强舒适性与适老性，对其中的 29、30、35、36 号楼加装电梯，并重新设计公共空间，使其变得更加时尚；将道路铺装更换为透水性地砖，并在进入楼栋的路旁增设扶手，楼栋入口处增设小花园。C 地块还将 27 号楼作为示范项目，公开举办团地再生（即场地更新）竞赛，并按获奖方案实施。不同于其他楼栋，27 号楼是在楼梯间旁单独设置电梯间，电梯在每层楼停靠，平层入户。同时，27 号楼首先完全拆除内装，然后对各户的室内空间也重新设计改造，由日本传统的和室风格转变为现代居室的洋室风格（图 9-38）。

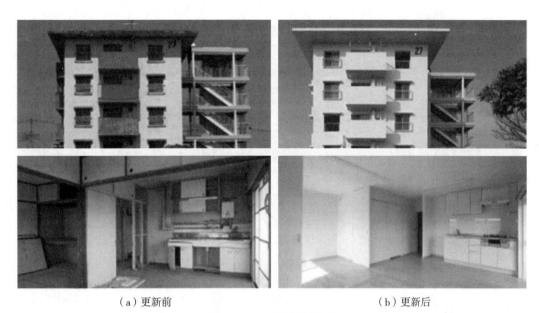

（a）更新前　　　　　　　　　　　　　　　　（b）更新后

图 9-38　27 号楼更新前后

D、H、J、L、M 地块继续保持住宅功能，主要针对公共空间部分进行改造。在 D 地块，将建筑外立面改涂为淡棕色和红茶色，以显得更加柔和、年轻；并将空地改造为供儿童玩耍的场地，场地设有围栏并在四周栽种树木。H 地块为绿色回廊的起点。J 地块的东侧建设小公园以提供居民相互交流的空间，改善花田东部地区缺乏绿地的情况。扩宽 J 地块北侧的道路以有利于步行。在 L 和 M 地块，打造街角广场，在道路拐角处均设置长椅以便居民交流。

E、F、G、K 地块调整为以公益事业用地和商业用地为主。E 北部地区将兴建新的商业设施和 UR 租赁住宅。E 地块南部地区建设为育儿和老年人服务的公共设施。F 地块中将建设社区商业中心，包含超市、小商品、饮食、服务和体育俱乐部等功能。G 地块在保留现有住宅基础上，建设木结构的社区活动中心，作为整个社区的公共活动中心，特别是大型活动的举办地。K 地块建设生活服务设施，首层为零售店铺和饮食店，方便居民日常生活，打造有人气的街区。

花田小区在分块更新的基础上，还设计了生活轴、都市轴、地域轴连接各个地块，统合整个小区的空间秩序（图 9-39）。生活轴作为地域内主要步道，创造出安全、宽裕的步行者空间，沟通小区内的居住、商业、绿地以及其他设施。都市轴连接埼玉县草加市和东京都心部，主要通过商业区，打造有生机活力的空间。地域轴主要连接花田纪念庭院、绿色回廊和长毛川沿岸绿地，打造为当地居民休闲娱乐、放松身心的空间。绿地景观主要由连接 C 地块到 H 地块的绿色回廊和数个广场构成。

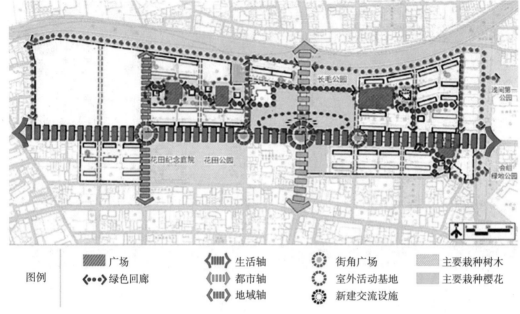

图例

广场	生活轴	街角广场	主要栽种树木
绿色回廊	都市轴	室外活动基地	主要栽种樱花
	地域轴	新建交流设施	

图 9-39 花田小区规划图

【思考与练习】

思考题

1）简述老旧小区存在的主要问题。

2）简述老旧小区更新的主要内容。

模块 10　综合技术指标分析

【学习目标】

　　通过居住区综合技术指标的学习，学生能够掌握城市居住区各类用地面积的计算方法，掌握居住区综合技术指标和控制指标的内容，并能运用综合技术指标评价规划设计方案的合理与否。

◈ 【学习要求】

能力目标	知识要点	权重	自测分数
掌握建筑面积计算	按自然层面积计算；阳台、雨篷、走廊的面积计算；不计入建筑面积的部位	20%	
掌握居住区综合技术指标评价	综合技术指标、总用地面积计算、居住街坊绿地面积与绿地率、容积率、建筑密度	40%	
掌握居住区控制指标	各级生活圈居住用地控制指标、居住街坊用地控制指标、居住区公共绿地控制指标	40%	

◈ 【内容导读】

　　居住区规划完成后，可以通过一系列技术指标的统计，来评价该规划方案在土地利用、环境营造等方面的合理性与经济性。规划控制指标从数量的角度来衡量和评价一项规划的经济、社会等综合效益，这也是一个房地产开发项目评审报批的重要依据。

　　居住区规划的规划控制指标包括主要技术指标和土地平衡两部分。城市规划对居住区的用地面积、容积率、绿地率、建筑密度、建筑限高等有严格的限定。规划设计时可以用这些数据来说明居住区的用地状况；方案比较时可以用这些数据来评价规划方案的经济性与合理性；方案审核时可以用这些数据来分析方案是否科学合理。

10.1　建筑面积计算

对居住区的各项技术指标进行分析评价，首先要面对的一个问题是，如何计量建筑物的面积。居住区很多重要的技术指标如容积率、建筑密度、户均面积等，都与建筑面积密切相关。

建筑面积是指建筑物（包括墙体）所形成的楼地面面积。但这并不是简单地可以认为就是建筑墙体围合的面积，建筑空间是丰富多样的，很多地方并非墙体围合这么简单，例如阳台、露台、走廊等的面积如何计算？地下室、坡屋顶的面积如何计算？客厅中空、烟道、夹层的面积如何计算？这些都要求按统一的计算规则来执行。

1. 按自然层面积计算

建筑面积应按建筑每个自然层楼地面处外围护结构外表面所围空间的水平投影面积计算。

总建筑面积应按地上和地下建筑面积之和计算，地上和地下建筑面积应分别计算。

室外设计地坪以上的建筑空间，其建筑面积应计入地上建筑面积；室外设计地坪以下的建筑空间，其建筑面积应计入地下建筑面积。

2. 阳台、雨篷、走廊的面积计算

阳台建筑面积应按围护设施外表面所围空间水平投影面积的 1/2 计算；当阳台封闭时，应按其外围护结构外表面所围空间的水平投影面积计算。

永久性结构的建筑空间，有永久性顶盖、结构层高或斜面结构板顶高在 2.2m 及以上的，应按下列规定计算建筑面积：

1）有围护结构、封闭围合的建筑空间，应按其外围护结构外表面所围空间的水平投影面积计算。

2）无围护结构、以柱围合，或部分围护结构与柱共同围合，不封闭的建筑空间，应按其柱或外围护结构外表面所围空间的水平投影面积计算。

3）无围护结构、单排柱或独立柱、不封闭的建筑空间，应按其顶盖水平投影面积的 1/2 计算。

4）无围护结构、有围护设施，无柱、附属在建筑外围护机构、不封闭的建筑空间，应按其围护设施外表面所围空间水平投影面积的 1/2 计算。

3. 不计入建筑面积的部位

居住区内有些建筑物的部分或构件，在计算建筑面积时不计入。下列项目不应计算建筑面积：

1）结构层高或斜面结构板顶高度小于 2.2m 的建筑空间。

2）无顶盖的建筑空间，如露台，露台一般是指住宅中的屋顶平台或由于建筑结构需求或改善室内外空间组合而在其他楼层中做出的大平台，它和阳台的最大区别是露台没有屋顶（图 10-1）。

3）附属在建筑外围护结构上的构（配）件。

4）建筑出挑部分的下部空间。

5）建筑物中用作城市街巷通行的公共交通空间，例如骑楼、过街楼底层的开放公共空间和建筑物通道，以及有些建筑物因长度太长、超过了消防规范的要求而在底层开设的消防通道。骑楼是指建筑物底层沿街面后退，留出公共人行空间的建筑物，有些居住区的沿街底层商业建筑会做成这种形式，在我国的南方地区以及东南亚一些国家比较常见。图 10-2 就是位于海南省海口市某住宅楼的骑楼。

6）独立于建筑物之外的各类构筑物。

图 10-1　露台

图 10-2　骑楼

10.2　居住区综合技术指标评价

10.2.1　居住区综合技术指标

《城市居住区规划设计标准》GB 50180—2018 列出了居住区综合技术指标（表 10-1）。居住区用地包括住宅用地、配套设施用地、公共绿地和城市道路用地，它们之间的比例关系以及人均面积指标，是反映土地使用经济合理性的基本指标。

居住区综合技术指标 表 10-1

	项目			计量单位	数值	所占比例（%）	人均面积指标（m²/人）
各级生活圈居住区指标	居住区用地面积	总用地面积		hm²	▲	100	▲
		其中	住宅用地面积	hm²	▲	▲	▲
			配套设施用地面积	hm²	▲	▲	▲
			公共绿地面积	hm²	▲	▲	▲
			城市道路用地面积	hm²	▲	▲	—
	居住总人口			人	▲	—	—
	居住总套（户）数			套	▲	—	—
	住宅建筑总面积			万 m²	▲	—	—
居住街坊指标	用地面积			hm²	▲	—	▲
	容积率			—	▲	—	—
	地上建筑面积	总建筑面积		万 m²	▲	100	—
		其中	住宅建筑面积	万 m²	▲	▲	—
			便民服务设施面积	万 m²	▲	▲	—
	地下总建筑面积			万 m²	▲	▲	—
	绿地率			%	▲	—	—
	集中绿地面积			m²	▲	—	▲
	住宅套（户）数			套	▲	—	—
	住宅套均面积			m²/套	▲	—	—
	居住人数			人	▲	—	—
	住宅建筑密度			%	▲	—	—
	住宅建筑平均层数			层	▲	—	—
	住宅建筑高度控制最大值			m	▲	—	—
	停车位	总停车位		辆	▲	—	—
		其中	地上停车位	辆	▲	—	—
			地下停车位	辆	▲	—	—
	地面停车位			辆	▲	—	—

注：表中▲为必列指标。

10.2.2 居住区总用地面积计算

居住区的用地面积应包括住宅用地、配套设施用地、公共绿地和城市道路用地。对于生活圈居住区和居住街坊的用地面积，计算方法应符合以下规定：

1）居住区范围内与居住功能不相关的其他用地以及本居住区配套设施以外的其他公共服务设施用地，不应计入居住区用地。

2）当周界为自然分界线时，居住区用地范围应算至用地边界。

3）当周界为城市快速或高速路时，居住区用地边界应算至道路红线或其防护绿地边界。快速路或高速路及其防护绿地不应计入居住区用地。

4）当周界为城市干路或支路时，各级生活圈的居住区用地范围应算至道路中心线（图 10-3）。

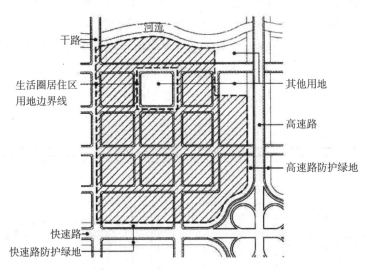

图 10-3　生活圈居住区范围划定规则示意图

5）居住街坊用地范围应算至周界道路红线，且不含城市道路（图 10-4）。

6）当与其他用地相邻时，居住区用地范围应算至用地边界。

7）当住宅用地与配套设施（不含便民服务设施）用地混合时，其用地面积应按住宅和配套设施的地上建筑面积占该幢建筑总建筑面积的比率分摊计算，并应分别计入住宅用地和配套设施用地。

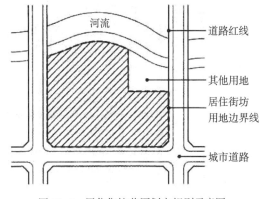

图 10-4　居住街坊范围划定规则示意图

对于生活圈居住区而言，其范围内通常会涉及不计入居住区用地的其他用地，主要包括：企事业单位用地、城市快速路和高速路及防护绿带用地、城市级公园绿地及城市广场用地、城市级公共服务设施及市政设施用地等，这些不是直接为本居住区生活服务的各项用地，都不应计入居住区用地。

10.2.3 居住街坊绿地面积与绿地率

居住街坊内的绿地面积的计算方法应符合下列规定：

1）满足当地植树绿化覆土要求的屋顶绿地可计入绿地。绿地面积计算方法应符合所在城市绿地管理的有关规定。通常应满足当地植树绿化覆土要求，方便居民出入的地下或半地下建筑的屋顶绿地应计入绿地，不应包括其他屋顶、晒台的人工绿地。

2）当绿地边界与城市道路临接时，应算至道路红线；当与居住街坊附属道路临接时，应算至路面边缘；当与建筑物临接时，应算至距房屋墙脚1.0m处（因为建筑四周设置散水，散水的宽度宜为0.6~1.0m）；当与围墙、院墙临接时，应算至墙脚。

3）当集中绿地与城市道路临接时，应算至道路红线；当与居住街坊附属道路临接时，应算至距路面边缘1.0m处；当与建筑物临接时，应算至距房屋墙脚1.5m处。

居住街坊内绿地及集中绿地的计算规则可参照图10-5。

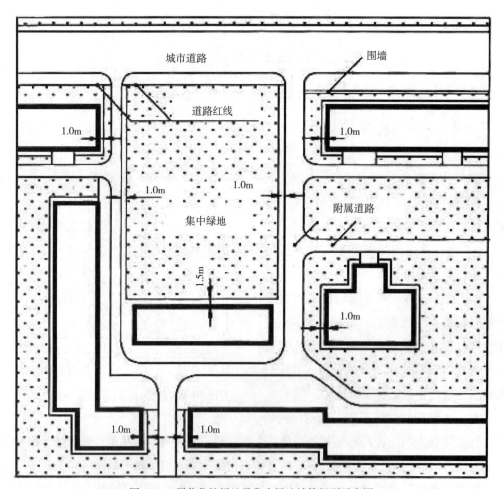

图 10-5 居住街坊绿地及集中绿地计算规则示意图

绿地率是指各类居住区的场地内绿化用地总面积占场地总用地面积的比例（%），即：

$$绿地率 = \frac{场地内绿化用地总面积（m^2）}{场地总用地面积（m^2）} \times 100\%$$

它是保证居住区环境质量的一个重要指标，在规划方案审核时控制最低值。

10.2.4　容积率

容积率是指居住区的场地内各类建筑的总建筑面积与场地总用地面积的比值，是一个无量纲数值，没有单位。通常在计算容积率时，场地的总建筑面积仅指场地地面以上的建筑的面积，而不包括地下建筑的面积。建筑面积的计算规则可参照国家标准《民用建筑通用规范》GB 55031—2022。

$$容积率 = \frac{场地内各类建筑的总建筑面积（m^2）}{场地总用地面积（m^2）}$$

容积率指标是控制居住区开发强度、衡量地块开发经济效益、评价环境质量的一个综合性的关键指标。容积率高，说明单位面积的场地内建造了更多的建筑，土地的经济效益好。但是，容积率过高也意味着居住区的建筑物密集，日照、通风、绿化等的效果会受到影响，环境效益降低。在城市控制性详细规划中或者在土地出让时，规划管理部门会给出地块的容积率控制指标，作为开发项目的规划设计条件，必须严格遵守。

10.2.5　建筑密度

建筑密度是指各类居住区的场地内各建筑物基底总面积占场地总用地面积的比例（%），即：

$$建筑密度 = \frac{场地内各建筑物基底总面积（m^2）}{场地总用地面积（m^2）} \times 100\%$$

建筑密度指标表明了地块被建筑物覆盖的比例，即建筑物的密集程度。这一指标反映了两个方面的含义：一方面，反映了建筑场地的使用效率，该指标越高，场地内用于建造建筑物的土地越多，土地使用效率越高，经济效益越好；另一方面，反映了场地的空间状况和环境质量，该指标越高，场地内的室外空间越少，可用于室外活动和绿化的土地相应减少。

10.3 居住区控制指标

10.3.1 各级生活圈居住区用地控制指标

各级生活圈居住区的用地应合理配置、适度开发。各类用地的比例关系、人均用地面积、容积率指标是主要的控制指标，应符合规划设计标准的规定（表10-2~表10-4）。各表中的居住区用地容积率，是指生活圈内住宅建筑及其配套设施地上建筑面积之和与居住区用地总面积的比值。

人均居住区用地面积、居住区用地容积率以及居住区用地构成之间彼此关联，并且与建筑气候区划以及住宅建筑平均层数紧密相关。在实际使用中，应根据生活圈居住区的规模，对应相应表格中的使用控制指标。

表中所列的"建筑气候区划"，是为了使建筑更充分地利用和适应我国不同的气候条件，做到因地制宜，而建筑气候区划为7个主气候区，参见《民用建筑设计统一标准》GB 50352—2019。

十五分钟生活圈居住区用地控制指标　　　　　　表 10-2

建筑气候区划	住宅建筑平均层数类别	人均居住区用地面积（m²/人）	居住区用地容积率	居住区用地构成（%）				
				住宅用地	配套设施用地	公共绿地	城市道路用地	合计
Ⅰ、Ⅶ	多层Ⅰ类（4~6层）	40~54	0.8~1.0	58~61	12~16	7~11	15~20	100
Ⅱ、Ⅵ		38~51	0.8~1.0					
Ⅲ、Ⅳ、Ⅴ		37~48	0.9~1.1					
Ⅰ、Ⅶ	多层Ⅱ类（7~9层）	35~42	1.0~1.1	52~58	13~20	9~13	15~20	100
Ⅱ、Ⅵ		33~41	1.0~1.2					
Ⅲ、Ⅳ、Ⅴ		31~39	1.1~1.3					
Ⅰ、Ⅶ	高层Ⅰ类（10~18层）	28~38	1.1~1.4	48~52	16~23	11~16	15~20	100
Ⅱ、Ⅵ		27~36	1.2~1.4					
Ⅲ、Ⅳ、Ⅴ		26~34	1.2~1.5					

十分钟生活圈居住区用地控制指标　　　　　　表 10-3

建筑气候区划	住宅建筑平均层数类别	人均居住区用地面积（m²/人）	居住区用地容积率	居住区用地构成（%）				
				住宅用地	配套设施用地	公共绿地	城市道路用地	合计
Ⅰ、Ⅶ	低层（1~3层）	49~51	0.8~0.9	71~73	5~8	4~5	15~20	100
Ⅱ、Ⅵ		45~51	0.8~0.9					
Ⅲ、Ⅳ、Ⅴ		42~51	0.8~0.9					

续表

建筑气候区划	住宅建筑平均层数类别	人均居住区用地面积（m²/人）	居住区用地容积率	居住区用地构成（%）				
				住宅用地	配套设施用地	公共绿地	城市道路用地	合计
Ⅰ、Ⅶ	多层Ⅰ类（4~6层）	35~47	0.8~1.1	68~70	8~9	4~6	15~20	100
Ⅱ、Ⅵ		33~44	0.9~1.1					
Ⅲ、Ⅳ、Ⅴ		32~41	0.9~1.2					
Ⅰ、Ⅶ	多层Ⅱ类（7~9层）	30~35	1.1~1.2	64~67	9~12	6~8	15~20	100
Ⅱ、Ⅵ		28~33	1.2~1.3					
Ⅲ、Ⅳ、Ⅴ		26~32	1.2~1.4					
Ⅰ、Ⅶ	高层Ⅰ类（10~18层）	23~31	1.2~1.6	60~64	12~14	7~10	15~20	100
Ⅱ、Ⅵ		22~28	1.3~1.7					
Ⅲ、Ⅳ、Ⅴ		21~27	1.4~1.8					

五分钟生活圈居住区用地控制指标 表 10-4

建筑气候区划	住宅建筑平均层数类别	人均居住区用地面积（m²/人）	居住区用地容积率	居住区用地构成（%）				
				住宅用地	配套设施用地	公共绿地	城市道路用地	合计
Ⅰ、Ⅶ	低层（1~3层）	46~47	0.7~0.8	76~77	3~4	2~3	15~20	100
Ⅱ、Ⅵ		43~47	0.8~0.9					
Ⅲ、Ⅳ、Ⅴ		39~47	0.8~0.9					
Ⅰ、Ⅶ	多层Ⅰ类（4~6层）	32~43	0.8~1.1	74~76	4~5	2~3	15~20	100
Ⅱ、Ⅵ		31~40	0.9~1.2					
Ⅲ、Ⅳ、Ⅴ		29~37	1.0~1.2					
Ⅰ、Ⅶ	多层Ⅱ类（7~9层）	28~31	1.2~1.3	72~74	5~6	3~4	15~20	100
Ⅱ、Ⅵ		25~29	1.2~1.4					
Ⅲ、Ⅳ、Ⅴ		23~28	1.3~1.6					
Ⅰ、Ⅶ	高层Ⅰ类（10~18层）	20~27	1.4~1.8	69~72	6~8	4~5	15~20	100
Ⅱ、Ⅵ		19~25	1.5~1.9					
Ⅲ、Ⅳ、Ⅴ		18~23	1.6~2.0					

10.3.2　居住街坊用地控制指标

　　居住街坊（2~4hm²）是实际住宅建设开发项目中最常见的开发规模，其容积率、人均住宅用地面积、建筑密度、绿地率及住宅建筑高度控制指标是密切关联的，应符合规划设计标准的规定（表 10-5）。

　　在城市旧区改造等情况下，建筑高度受到严格控制，居住区可采用低层高密度或多层高密度的布局方式，结合气候区分布，其绿地率可酌情降低，建筑密度可适当提高。

多层高密度宜采用围合式布局，同时利用公共建筑的屋顶绿化改善居住环境，并形成开放、便捷、尺度适宜的生活街区。当住宅建筑采用低层或多层高密度布局形式时，居住街坊用地与建筑控制指标应符合表 10-6 的规定。

在实际应用中可按照居住街坊所在建筑气候区划，根据规划设计（如城市设计）希望达到的整体空间高度（即住宅建筑平均层数类别）及基本形态（即是否低层或多层高密度布局），来选择相适应的住宅用地容积率及建筑密度、绿地率等控制指标。另外，由于每个指标区间涉及层数和气候区划，通常层数越高或者气候区越靠南，容积率就可以越高，因此在实际应用中，应根据具体情况选择区间内的适宜指标。

居住街坊用地控制指标   表 10-5

建筑气候区划	住宅建筑平均层数类别	住宅用地容积率	建筑密度最大值（%）	绿地率最小值（%）	住宅建筑高度控制最大值（m）	人均住宅用地面积最大值（m²/人）
I、VII	低层（1~3层）	1.0	35	30	18	36
	多层I类（4~6层）	1.1~1.4	28	30	27	32
	多层II类（7~9层）	1.5~1.7	25	30	36	22
	高层I类（10~18层）	1.8~2.4	20	35	54	19
	高层II类（19~26层）	2.5~2.8	20	35	80	13
II、VI	低层（1~3层）	1.0~1.1	40	28	18	36
	多层I类（4~6层）	1.2~1.5	30	30	27	30
	多层II类（7~9层）	1.6~1.9	28	30	36	21
	高层I类（10~18层）	2.0~2.6	20	35	54	17
	高层II类（19~26层）	2.7~2.9	20	35	80	13
III、IV、V	低层（1~3层）	1.0~1.2	43	25	18	36
	多层I类（4~6层）	1.3~1.6	32	30	27	27
	多层II类（7~9层）	1.7~2.1	30	30	36	20
	高层I类（10~18层）	2.2~2.8	22	35	54	16
	高层II类（19~26层）	2.9~3.1	22	35	80	12

低层或多层高密度居住街坊用地与建筑控制指标   表 10-6

建筑气候区划	住宅建筑平均层数类别	住宅用地容积率	建筑密度最大值（%）	绿地率最小值（%）	住宅建筑高度控制最大值（m）	人均住宅用地面积（m²/人）
I、VII	低层（1~3层）	1.0~1.1	42	25	11	32~36
	多层I类（4~6层）	1.4~1.5	32	28	20	24~26
II、VI	低层（1~3层）	1.1~1.2	47	23	11	30~32
	多层I类（4~6层）	1.5~1.7	38	28	20	21~24
III、IV、V	低层（1~3层）	1.2~1.3	50	20	11	27~30
	多层I类（4~6层）	1.6~1.8	42	25	20	20~22

10.3.3　居住区公共绿地控制指标

新建各级生活圈居住区应配套规划建设公共绿地，并应集中设置具有一定规模且能开展休闲、体育活动的居住区公园。公共绿地控制指标应符合表 10-7 中的规定。

各级生活圈居住区的公共绿地应分级集中设置一定面积的居住区公园，形成集中与分散相结合的绿地系统，创造居住区内大小结合、层次丰富的公共活动空间，设置休闲娱乐体育活动等设施，满足居民不同的日常活动需要。

另外，在老旧小区改造时，如果因人口密集、用地紧张、受实际情况限制确实无法满足表 10-7 的规定时，可采取多点分布以及立体绿化等方式改善居住环境，酌情降低人均公共绿地面积标准，但人均公共绿地面积不应低于相应控制指标的 70%。

公共绿地控制指标　　　　　　表 10-7

类别	人均公共绿地面积（m²/人）	居住区公园		备注
		最小规模（hm²）	最小宽度（m）	
十五分钟生活圈居住区	2.0	5.0	80	不含十分钟生活圈及以下级居住区的公共绿地指标
十分钟生活圈居住区	1.0	1.0	50	不含五分钟生活圈及以下级住区的公共绿地指标
五分钟生活圈居住区	1.0	0.4	30	不含居住街坊的公共绿地指标

居住街坊应设置集中绿地，便于居民开展户外活动，其中应设置供儿童、老年人在家门口日常户外活动的场地。对于居住街坊内的集中绿地，还应符合集中绿地的控制标准：

1）新建居住区不应低于 0.5m²/人，老旧住区改造不应低于 0.35m²/人。

2）宽度不应小于 8m。

3）在标准的建筑日照阴影线范围之外的绿地面积不应少于 1/3。

◆　【思考与练习】

1. 思考题

名词解释：容积率、绿地率、建筑密度。

2. 综合实训

将确定的规划设计方案进行技术及经济分析、计算、比较和评价，若有指标不符合控制指标的要求，需要重新调整规划设计，调整后再次进行综合技术指标评价分析，直到综合技术指标全部符合控制指标要求为止。

模块 11　规划成果表达

◆ 【学习目标】

　　本模块对居住区规划图纸、效果图的绘制与表达做了详细的阐述，学生通过学习，能具备绘制居住区规划成果的技能。

◆ 【学习要求】

能力目标	知识要点	权重	自测分数
掌握居住区规划图纸	区位与现状的分析、总平面图、规划分析图、建筑户型图、规划设计说明及综合技术指标	50%	
掌握三维建模与效果图	鸟瞰图、效果图	30%	
了解虚拟现实技术	VR 全景漫游	20%	

◆ 【内容导读】

　　完成居住区规划方案之后，要对整个设计方案进行输出和表现，主要采用如下形式：用各种图纸表现居住区规划的整体布局、建筑分布、道路交通、绿化景观等要素，用相关数据说明规划的各项指标，用文字阐述规划意图及说明；通过各种三维建模方法，用效果图或动画的方式，直观展现规划方案；也可以通过虚拟现实技术，全景漫游尚处于规划设计阶段的虚拟居住区。

11.1　规划图纸

居住区规划成果的绘制与表达，是设计师表现自己设计思想的主要途径，是与其他人进行方案交流与沟通的重要手段，也是规划评审与报批的依据。

11.1.1　区位与现状的分析

居住区规划必须在充分分析地块的区位条件、现状情况、上位及相关规划的前提下开展，居住区所处地块的区位条件、现状因素都将影响小区的规划。

居住区的区位分析（图 11-1、图 11-2），主要包括对规划地块的地理区位（空间区位）和交通区位进行分析。可以从以下方面开展分析：所在城市的地理空间信息；城市与地块之间的轴线关系、公共空间、密度、朝向、间距、布局、风格等；地块周边情况的分析；基地周边的街道路网，基地的出入口、交通的灵活性；地块及其周边的资源优势与不利条件（SWOT 分析）等。

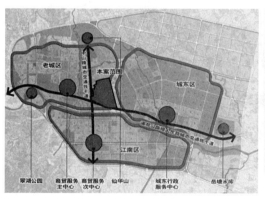

图 11-1　居住区区位分析图 1

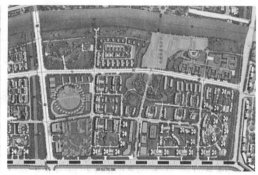

图 11-2　居住区区位分析图 2

居住区地块现状分析（图 11-3），是对地块地形、植被、地表径流、现状建筑物等要素进行分析，如地块的地形地貌，土地的使用现状，现存建筑物分布情况以及保留或改建情况。

居住区规划的上位及相关规划分析。居住区的上位规划主要包括该地块所处地区的控制性详细规划、所在城市或镇的总体规划等，它反映了政府对居住区地块的空间及资源配置的管理要求，对居住区规划具有限定和指导意义。居住区的相关规划主要是指与居住区所在地块相关的一些规划，如教育设施规划、公共交通规划等。

图 11-3　居住区地块现状分析

11.1.2　规划方案的演变与总平面图

居住区规划编制，会经历一个多方案的分析比较及修改完善的过程，规划逐步趋向完善。这个过程主要是对方案的建筑布局、道路交通、景观要素、与周边交通及其他要素的关系等进行分析评价（图 11-4）。

经过几轮方案的比较和演变，逐渐形成居住区规划最主要的图纸——规划方案总平面图（图 11-5），它集中反映了本次规划的主要要素。

总平面图的图示内容应包括以下内容：

1）用地红线、建筑控制线、道路红线，标志点坐标。

2）场地四邻原有及规划的道路、绿化带等的位置（主要坐标或定位尺寸），场地四邻原有及规划的主要建筑物及构筑物的位置、名称、层数、间距。

3）新建建筑物的位置、轮廓、层数、室内外标高、名称。

4）新建道路、绿化的布置。道路的中心线、宽度、转弯半径、回车场地等，地面停车位、地下车库的范围线，绿化的基本形式（如乔木、灌木、草坪、铺地等）。

5）居住区有高层建筑的，应表示出消防登高场地的位置和大小。

6）地块内河流、池塘、土坡等地貌要素。

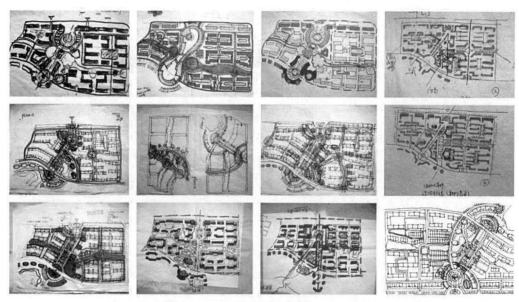

图 11-4　规划方案分析完善

图 11-5　规划方案总平面图

11.1.3 居住区规划成果分析图

居住区规划设计成果的分析，是对地块规划的组织结构、布局、肌理、道路（包括停车、消防等）系统、绿化系统、空间环境等的分析。

居住区的功能结构分析（图 11-6），反映了规划的思路和理念，应明确表达地块内各类用地功能分区之间的关系、社区构成、动静分析等。这是评价一个方案优劣的重要依据。

道路交通分析（图 11-7），是对居住区出入口、机动车道、非机动车道、步行道、停车位等道路交通要素进行分析。

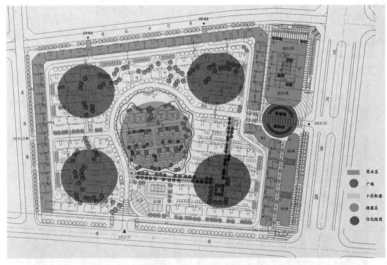

图 11-6　功能结构分析

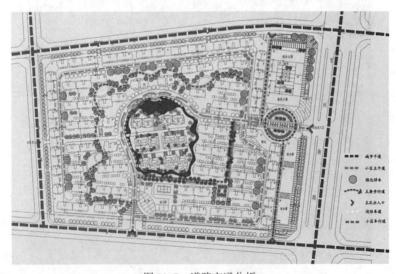

图 11-7　道路交通分析

　　绿化景观分析（图 11-8），是对地块内外各景观要素的位置、范围、空间关系的分析，表现其点、线、面的相互关系。

　　建筑日照分析（图 11-9），是运用相关软件对地块内居住建筑在冬至日（或大寒日）的日照情况进行分析。

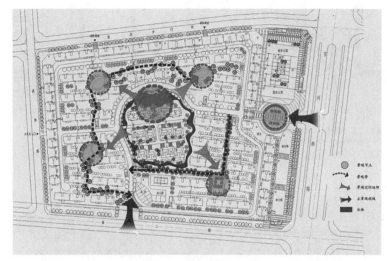

图 11-8　绿化景观分析

图 11-9　建筑日照分析

11.1.4　建筑户型方案图

　　建筑户型方案图包括住宅户型平面（图 11-10）、立面图以及主要公共建筑平面图（图 11-11）、立面图等。这部分图纸的设计深度视居住区规划的委托要求而定。

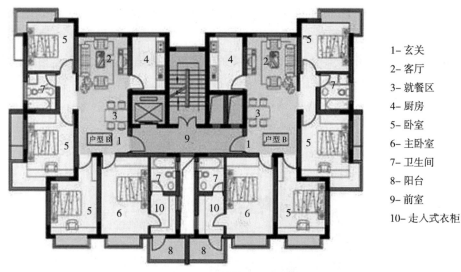

1– 玄关
2– 客厅
3– 就餐区
4– 厨房
5– 卧室
6– 主卧室
7– 卫生间
8– 阳台
9– 前室
10– 走入式衣柜

图 11–10　住宅户型平面图

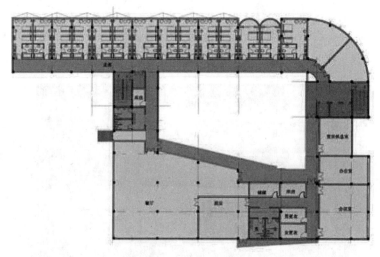

图 11–11　公共建筑平面图

11.1.5　规划设计说明及综合技术指标

1）规划设计说明：包括设计依据、设计原则及要求、区位介绍、地块现状、自然地理、人文环境；规划设计的原则、理念、意图、特点等。

2）综合技术指标：包括居住用地平衡表；总用地面积、总建筑面积、容积率、建筑密度、绿地率、停车位个数等综合指标；公建配套设施项目指标；户型配比及配置平衡表等。

11.2　三维建模与效果图

借助一些电脑建模软件，运用一定的表现手法，把设计建成后的效果用三维模型和效果图直观形象地展示出来，这是居住区规划中经常用到的表现方法。

目前在居住区规划设计中，经常用于建模和表现的软件有：

1）Skecth Up，这款软件通常用于正交体系建模，有利于简单的几何形体推敲。它的命令少、简单易学、操作简单，特别适用于方案推敲阶段。运用该软件可用于建筑、园林、景观等的建模，效率比较高（图 11-12）。

2）3DS Max，这款软件的长处是制作三维动画及渲染，也可用于形体推敲，但可塑性较差。它的家具模型库非常全，在建筑建模领域比较适合做室内设计及建筑单体设计（图 11-13）。该软件强大的渲染功能在商业上应用很广。

3）Maya，这款软件的塑形能力很强，其长处是曲面的造型和编辑能力。Maya 经常用于异型建筑和非线性建筑的设计表现（图 11-14）。

4）Photoshop，这是一款目前使用最多的通用型平面美术设计软件，在规划设计表现中主要用于图像的处理（图 11-15），以及文本制作。

图 11-12　Skecth Up 建模

图 11-13　3DS Max 建模

图 11-14　Maya 建模

图 11-15　Photoshop 处理效果

在规划表现时，除了运用电脑软件进行规划建模及效果图制作外，还经常用手绘的传统方法来绘制效果图。手绘图因其独有的笔触和技巧，形成了独特的风格。因此，有时候也会把电脑制作效果图与手绘效果图结合起来，各取所长。

在居住区规划的成果表达中，主要对居住区整体或者中心绿地、开放空间、重要节点的意向规划，通过鸟瞰效果图、轴测图或其他表达方式灵活表现。

居住区规划效果图，是对地块规划的整体效果的表达，包括整体鸟瞰图（图11-16）、中心景观节点效果图（图11-17）等。

图11-16　整体鸟瞰图　　　　　　图11-17　中心景观节点效果图

节点分析表达，是对居住区的结构中心、视线走廊、景观节点等核心点的重点分析，通常会结合电脑建模、后期效果处理、手绘图、图片等多种方式进行表现，形式灵活多样。

图11-18是某居住区的主入口效果图，图11-19是这个居住区的中心活动广场的效果图。由于是同一处居住区，可以看到效果图的风格是统一的，也反映了设计风格的统一。

图11-18　主入口效果图　　　　　　图11-19　中心活动广场效果图

图11-20是某水景景观节点的平面分析图，图11-21是某坡地景观节点断面分析图。这两张效果图是采用了电脑软件与手绘相结合的手法，既有电脑绘图的精确性，又有手绘笔触的不同质感。

　　　　　　　　　　　　　　　　　　　沙石月岛
　　　　　　　　　　　　　　　　　　　特色水景
　　　　　　　　　　　　　　　　　　　艺术树池

　　　　　　　　　　　　　　　　　　　亲子阳光草坪
　　　　　　　　　　　　　　　　　　　滨水树阵

构架　　　　特色长廊　　张拉膜　景观桥
　　　跌水　　滨水平台　戏水池

图 11-20　景观节点平面分析图

图 11-21　景观节点断面分析图

11.3　虚拟现实

　　虚拟现实技术（Virtual Reality，VR），是利用计算机模拟虚拟环境，给人以环境沉浸感，从而在实物建成之前，给人身临其境的效果。

　　近年来，虚拟现实技术已应用在影视娱乐、建筑设计、教育、医疗、军事、航空航天等领域。居住区规划行业也开始探索应用 VR 技术。

　　在规划设计行业，设计师们利用虚拟现实技术，把地块的地形地貌、周边环境、各类建筑物的形体、道路、景观、人物等物质要素通过虚拟技术表现出来，使之变成可以看得见的物体和环境。同时，在设计初期，设计师还可以将自己的想法通过虚拟现实技术模拟出来，在虚拟环境中预先看到居住区建成后的效果，大家可以借助虚拟的模型进行讨论。这样既节省了时间，又降低了成本，效果更加直观。

通过 VR 全景漫游的形式，彻底颠覆了传统展现模式的短板。传统方式无论是平面图纸、还是 3D 建模效果图，都是单一的展现，观众是被动接受的。虚拟现实技术使规划方案的展示变为双向互动和深度交互，人们只要戴上 VR 头显即可瞬间移位置，身在所规划居住区的虚拟建构场景中，从任意角度、任意距离观察这个未来的家园，包括可以从空中俯瞰，审视居住区及周边区域的整体布局。

图 11-22　虚拟现实技术用于规划设计

图 11-22 就是虚拟现实技术用于规划设计的案例。从左图到右图，随着观众的视点不断往前移，就能更加清晰地看到规划的一些细部处理。这是在静态的平面图纸和 3D 建模中无法做到的。

虚拟现实技术可以实现物体的 360° 旋转展示，并且除了在电脑上展示外，还可以通过软件在手机或平板电脑等终端设备上进行无死角展示，界面也更加友好。

在虚拟现实技术基础上，广泛运用多媒体、三维建模、实时跟踪及注册、智能交互、传感等多种技术手段，将计算机生成的文字、图像、三维模型、音乐、视频等虚拟信息模拟仿真后，应用到真实世界中，两种信息互为补充，从而实现对真实世界的"增强"。这就是增强现实技术（Augmented Reality，AR），它是一种将虚拟信息与真实世界巧妙融合的技术，已开始应用于城市的规划建设和管理，未来也将成为居住区规划以及建设、管理的一个技术手段。

◈　【思考与练习】

1. 思考题

1）简述居住区规划总平面图的图示内容。

2）简述居住区规划成果分析图。

2. 综合实训

完成居住区规划设计成果内容。

1）设计说明书，对住宅小区规划、户型的特色给予简单、明了的说明，并有具体的技术经济指标的数字，包括居住小区用地面积、居住户数、居住人数、建筑用地面积、总建筑面积、建筑密度、容积率、绿地率、停车位、不同种类的住宅面积等。

2）总平面规划图，规划图中建筑、道路、绿化图例要求清晰，结构层次分明（包括总体功能分区图，比例不限）。

3）单体建筑平面图、立面图及剖面图。

4）规划功能结构分析图、道路系统、公共建筑系统、绿化景观分析图：应明确表现出各道路的等级，车行和步行活动的主要线路，以及各类停车场地的位置和规模等；应明确表现出各配套设施的位置、范围；表现出各类绿地的范围、绿地的功能结构和空间形态等。

5）效果图至少 2 张，其中一张为鸟瞰图。

6）所有设计图纸打印成标准 A3 尺寸，符合制图标准与规范，在每张图纸上注明设计名称、页数；每张图要有图名；同时提交 jpg 格式的电子文件。

附录1 《城市居住区规划设计标准》
GB 50180—2018（节选）

居住区配套设施设置规定为：

1）十五分钟生活圈居住区、十分钟生活圈居住区配套设施应符合附表 1-1 的设置规定。

十五分钟生活圈居住区、十分钟生活圈居住区配套设施设置规定　　附表 1-1

类别	序号	项目	十五分钟生活圈居住区	十分钟生活圈居住区	备注
公共管理和公共服务设施	1	初中	▲	△	应独立占地
	2	小学	—	▲	应独立占地
	3	体育馆（场）或全民健身中心	△	—	可联合建设
	4	大型多功能运动场地	▲	—	宜独立占地
	5	中型多功能运动场地	—	▲	宜独立占地
	6	卫生服务中心（社区医院）	▲	—	宜独立占地
	7	门诊部	▲	—	可联合建设
	8	养老院	▲	—	宜独立占地
	9	老年养护院	▲	—	宜独立占地
	10	文化活动中心（含青少年、老年活动中心）	▲	—	可联合建设
	11	社区服务中心（街道级）	▲	—	可联合建设
	12	街道办事处	▲	—	可联合建设
	13	司法所	▲	—	可联合建设
	14	派出所	△	—	宜独立占地
	15	其他	△	△	可联合建设
商业服务业设施	16	商场	▲	▲	可联合建设
	17	菜市场或生鲜超市	—	▲	可联合建设
	18	健身房	△	△	可联合建设
	19	餐饮设施	▲	▲	可联合建设
	20	银行营业网点	▲	▲	可联合建设
	21	电信营业网点	▲	▲	可联合建设
	22	邮政营业场所	▲	—	可联合建设
	23	其他	△	△	可联合建设
市政公用设施	24	开闭所	▲	△	可联合建设

续表

类别	序号	项目	十五分钟生活圈居住区	十分钟生活圈居住区	备注
市政公用设施	25	燃料供应站	△	△	宜独立占地
	26	燃气调压站	△	△	宜独立占地
	27	供热站或热交换站	△	△	宜独立占地
	28	通信机房	△	△	可联合建设
	29	有线电视基站	△	△	可联合建设
	30	垃圾转运站	△	△	应独立占地
	31	消防站	△	△	宜独立占地
	32	市政燃气服务网点和应急抢修站	△	△	可联合建设
	33	其他	△	△	可联合建设
公交站场	34	轨道交通站点	△	△	可联合建设
	35	公交首末站	△	△	可联合建设
	36	公交车站	▲	▲	宜独立设置
	37	非机动车停车场（库）	△	△	可联合建设
	38	机动车停车场（库）	△	△	可联合建设
	39	其他	△	△	可联合建设

注：1 ▲为应配建的项目；△为根据实际情况按需配建的项目；
　　2 在国家确定的一、二类人防重点城市，应按人防有关规定配建防空地下室。

2）五分钟生活圈居住区配套设施应符合附表 1-2 的设置规定。

五分钟生活圈居住区配套设施设置规定　　　　　　　　附表 1-2

类别	序号	项目	五分钟生活圈居住区	备注
社区服务设施	1	社区服务站（含居委会、治安联防站、残疾人康复室）	▲	可联合建设
	2	社区食堂	△	可联合建设
	3	文化活动站（含青少年活动站、老年活动站）	▲	可联合建设
	4	小型多功能运动（球类）场地	▲	宜独立占地
	5	室外综合健身场地（含老年户外活动场地）	▲	宜独立占地
	6	幼儿园	▲	宜独立占地
	7	托儿所	△	可联合建设
	8	老年人日间照料中心（托老所）	▲	可联合建设
	9	社区卫生服务站	△	可联合建设
	10	社区商业网点（超市、药店、洗衣房、美发店等）	▲	可联合建设
	11	再生资源回收点	▲	可联合建设
	12	生活垃圾收集站	▲	宜独立设置
	13	公共厕所	▲	可联合建设

类别	序号	项目	五分钟生活圈居住区	备注
社区服务设施	14	公交车站	△	宜独立设置
	15	非机动车停车场（库）	△	可联合建设
	16	机动车停车场（库）	△	可联合建设
	17	其他	△	可联合建设

注：1 ▲为应配建的项目；△为根据实际情况按需配建的项目；

2 在国家确定的一、二类人防重点城市，应按人防有关规定配建防空地下室。

3）居住街坊配套设施应符合附表 1-3 的设置规定。

居住街坊配套设施设置规定 附表 1-3

类别	序号	项目	居住街坊	备注
便民服务设施	1	物业管理与服务	▲	可联合建设
	2	儿童、老年人活动场地	▲	宜独立占地
	3	室外健身器械	▲	可联合建设
	4	便利店（菜店、日杂等）	▲	可联合建设
	5	邮件和快递送达设施	▲	可联合建设
	6	生活垃圾收集点	▲	宜独立设置
	7	居民非机动车停车场（库）	▲	可联合建设
	8	居民机动车停车场（库）	▲	可联合建设
	9	其他	△	可联合建设

注：1 ▲为应配建的项目；△为根据实际情况按需配建的项目；

2 在国家确定的一、二类人防重点城市，应按人防有关规定配建防空地下室。

附录2 《民用建筑设计统一标准》

GB 50352—2019（节选）

4.2.4 建筑基地机动车出入口位置，应符合所在地控制性详细规划，并应符合下列规定：

1 中等城市、大城市的主干路交叉口，自道路红线交叉点起沿线 70.0m 范围内不应设置机动车出入口；

2 距人行横道、人行天桥、人行地道（包括引道、引桥）的最近边缘线不应小于 5.0m；

3 距地铁出入口、公共交通站台边缘不应小于 15.0m；

4 距公园、学校及有儿童、老年人、残疾人使用建筑的出入口最近边缘不应小于 20.0m。

附录 3 《民用建筑通用规范》

GB 55031—2022（节选）

3.1 建筑面积

3.1.1 建筑面积应按建筑每个自然层（地）面处外围护机构外表面所围空间的水平投影面积计算。

3.1.2 总建筑面积应按地上和地下建筑面积之和计算，地上和地下建筑面积应分别计算。

3.1.3 室外设计地坪以上的建筑空间，其建筑面积应计入地上建筑面积；室外设计地坪以下的建筑空间，其建筑面积应计入地下建筑面积。

3.1.4 永久性结构的建筑空间，有永久性顶盖、结构层高或斜面结构板顶高在2.20m 及以上的，应按下列规定计算建筑面积：

1. 有围护结构、封闭围合的建筑空间，应按其外围护结构外表面所围空间的水平投影面积计算；

2. 无围护结构、以柱围合，或部分围护结构与柱共同围合，不封闭的建筑空间，应按其柱或外围护结构外表面所围空间的水平投影面积计算；

3. 无围护结构、单排柱或独立柱、不封闭的建筑空间，应按其顶盖水平投影面积的1/2 计算；

4. 无围护结构、有围护设施，无柱、附属在建筑外围护结构、不封闭的建筑空间，应按其围护设施外表面所围空间水平投影面积的 1/2 计算。

3.1.5 阳台建筑面积应按围护设施外表面所围空间水平投影面积的 1/2 计算；当阳台封闭时，应按其外围护结构外表面所围空间的水平投影面积计算。

3.1.6 下列空间与部位不应计算建筑面积：

1. 结构层高或斜面结构板顶高度小于 2.20m 的建筑空间；

2. 无顶盖的建筑空间；

3. 附属在建筑外围护结构上的构（配）件；

4. 建筑出挑部分的下部空间；

5. 建筑物中用作城市街巷通行的公共交通空间；

6. 独立于建筑物之外的各类构筑物。

3.1.7 功能空间使用面积应按功能空间墙体内表面所围合空间的水平投影面积计算。

3.1.8 功能单元使用面积应按功能单元内各功能空间使用面积之和计算。

3.1.9 功能单元建筑面积应按功能单元使用面积、功能单元墙体水平投影面积、功能单元内阳台面积之和计算。

参考文献

[1] 张燕．居住区规划设计 [M]．北京：北京大学出版社，2019．

[2] 苏德利，佟世炜．居住区规划设计 [M]．北京：机械工业出版社，2013．

[3] 朱家瑾．居住区规划设计 [M]．北京：中国建筑工业出版社，2007．

[4] 骆中钊，方朝晖，杨锦河，等．新型城镇住宅小区规划 [M]．北京：化学工业出版社，2017．

[5] 应佐萍．房地产营销策划实务 [M]．沈阳：东北财经大学出版社，2018．

[6] 赵景伟，代朋，陈敏．居住区规划设计 [M]．武汉：华中科技大学出版社，2021．

[7] 广州市城市更新局．广州市老旧小区微改造设计导则 [Z]．2018-8-9．

[8] 范超，张弛．关注老旧小区改造对建材行业的影响 [R]．武汉：长江证券，2019．

[9] 刘曜．以适老无障碍环境为侧重的老旧小区改造策略探索——以湖北鄂州市滨湖社区示范项目为例 [J]．建设科技，2019（11）：38-44．

[10] 冉奥博，刘佳燕，沈一琛．日本老旧小区更新经验与特色——东京都两个小区的案例借鉴 [J]．上海城市规划，2018（04）：8-14．

[11] 周园，王旭博，李方鹏，等．旧居住区适老化改造策略研究——以长春市南湖新村为例 [J]．太原城市职业技术学院学报，2018（02）：180-182．

[12] 陈华元．以城市更新为目标，积极推进老旧小区综合改造 [J]．中国人大，2019（20）：45-46．

[13] 住房和城乡建设部科技与产业化发展中心．老旧小区有机更新改造技术导则 [M]．北京：中国建筑工业出版社，2017．